高等学校大数据技术与应用规划教材

数 据 挖 掘

宋万清　杨寿渊　陈剑雪　高永彬　编著

方志军　钱亮宏　主审

U0310370

中国铁道出版社有限公司

CHINA RAILWAY PUBLISHING HOUSE CO., LTD.

内 容 简 介

本书着力于介绍数据挖掘基础知识、基本原理、常用算法，主要内容包括数据挖掘概述、数据的描述与可视化、数据的采集和预处理、数据的归约、关联规则挖掘、分类与预测、非线性预测模型、聚类分析、深度学习简介、使用 Weka 进行数据挖掘。本书通俗易懂，注重基础知识、基本原理和基本方法，注重启发和引申，以培养学生独立思考和独立发现的能力。

本书适合作为数据科学与大数据、信息管理、统计等专业的本科层次基础课教材，也可作为相关专业研究生层次的参考用书。

图书在版编目（CIP）数据

数据挖掘/宋万清等编著. —北京：中国铁道出版社，2018.12（2023.7重印）

高等学校大数据技术与应用规划教材

ISBN 978-7-113-25167-3

Ⅰ. ①数… Ⅱ. ①宋… Ⅲ. ①数据采集-高等学校-教材 Ⅳ. ①TP274

中国版本图书馆 CIP 数据核字（2018）第 261647 号

书　　名：**数据挖掘**
作　　者：宋万清　杨寿渊　陈剑雪　高永彬

策　　划：曹莉群　　　　　　　　　编辑部电话：（010）51873202
责任编辑：周海燕　冯彩茹
封面设计：穆　丽
责任校对：张玉华
责任印制：樊启鹏

出版发行：中国铁道出版社有限公司(100054，北京市西城区右安门西街 8 号)
网　　址：http://www.tdpress.com/51eds/
印　　刷：三河市宏盛印务有限公司
版　　次：2019 年 1 月第 1 版　　2023 年 7 月第 4 次印刷
开　　本：787 mm×1 092 mm　1/16　印张：11.75　字数：254 千
书　　号：ISBN 978-7-113-25167-3
定　　价：38.00 元

前　言

随着信息技术的普及和应用，各行各业产生了大量的数据，人们持续不断地探索处理这些数据的方法，以期最大程度地从中挖掘有用信息，面对如潮水般不断增加的数据，人们不再满足于数据的查询和统计分析，而是期望从数据中提取信息或者知识为决策服务。数据挖掘技术突破数据分析技术的种种局限，结合统计学、数据库、机器学习等技术解决从数据中发现新的信息并辅助决策这一难题，是正在飞速发展的前沿学科。近年来，随着教育部"新工科"建设的不断推进，大数据技术受到广泛的关注，数据挖掘作为大数据技术的重要实现手段，能够挖掘数据的关联规则，实现数据的分类、聚类、异常检测和时间序列分析等，解决商务管理、生产控制、市场分析、工程设计和科学探索等各行各业中的数据分析与信息挖掘问题。

截至 2018 年本书出版，共有 283 所高校获批"数据科学与大数据技术"专业，其中 985 及 211 高校占比为 13%。目前国内数据人才缺口更是达到百万级。数据科学是一门交叉学科，除了计算机相关知识，还需要统计和数学基础，以及业务应用能力。目前，数据科学与大数据逐渐成为高校信息类、管理类和数学统计类专业的必修课程，同时，作为面向各专业的通识课也广受欢迎。

本书作为立足于应用型本科数据科学与大数据教学的入门级教材，具有如下特色：

（1）内容安排合理且全面，从数据的预处理到常用数据挖掘算法的描述，循序渐进，深入浅出。

（2）难度适中，适用于本科中低年级的入门级教材，零基础要求，对编程及数学知识不作要求。

（3）融入了大量本领域的前沿知识与方法，如包括基于 GAN 网络的深度学习的最新进展。

（4）理论与案例相结合，理论与实践相结合，包含了 Weka 工具的使用。特别地在第 10 章还给出了完整的数据挖掘应用案例，使读者能够在数据挖掘平台上感受完整的数据分析过程。

本书全面介绍了数据挖掘的基础知识、基本原理、常用算法以及相应的实践工具，主要内容分为以下四块内容：

（1）数据挖掘基本知识。第 1 章为数据挖掘概述，主要介绍数据挖掘的基本概念、基本流程及算法等。第 2 章介绍数据的描述与可视化，包括数据按属性分类、数据的基本统计描述、数据的相似性度量方法及数据的可视化技术等。

（2）数据预处理。第 3 章介绍数据的采集和预处理，包括数据的采集、数据预处理的目的和任务、数据清洗、数据集成和数据变换等。第 4 章介绍数据的归约，包括线性回归和主成分分析。

（3）数据挖掘算法详解。第 5 章介绍关联规则挖掘，包括关联规则挖掘的概念、关联规则挖掘算法及应用实例。第 6 章介绍分类与预测，包括决策树模型、贝叶斯分类模型、线性判别模型、逻辑回归模型以及模型的评估与选择方法。第 7 章介绍非线性预测模型，包括支持向量机和神经网络。第 8 章介绍聚类分析，包括聚类分析概述、k-均值聚类、k-中心聚类以及聚类评估。第 9 章介绍深度学习，包括深度学习的来由、深度学习网络的基本结构、卷积神经网络及一个应用实例。

（4）数据挖掘实践。第 10 章为使用 Weka 进行数据挖掘，包括 Weka 的基本操作、如何使用 Weka 进行关联规则挖掘、分类、回归和聚类等。

另外，附录还介绍了拉格朗日乘子法在支持向量机中的优化算法。

本书由宋万清、杨寿渊、陈剑雪、高永彬编著。具体分工如下：上海工程技术大学宋万清编写第 2、5、6、8、10 章和附录，上海工程技术大学陈剑雪编写第 3、7 章，上海工程技术大学高永彬编写第 9 章，江西财经大学杨寿渊编写第 1、4 章。全书由上海工程技术大学方志军、上海交通大学钱亮宏主审。同时，本书部分内容借鉴了许多学者的研究成果，在此深表谢意！

由于编者水平有限，加之时间仓促，书中难免存在疏漏和不足之处，敬请读者批评指正。

编　者

2018 年 8 月

目　录

数据挖掘概述 <<<

1.1 什么是数据挖掘

先来看一个在数据挖掘界流传甚广的故事：

全球最大的零售商沃尔玛通过对海量的原始交易记录分析发现了一个有趣的现象：与尿不湿一起购买最多的商品竟然是啤酒！这两种毫不相干的商品的销售数据为何会具有如此高的相关度？这着实令人费解。为了一探究竟，沃尔玛派出市场调查人员深入调查分析，终于弄清楚了产生这种现象的原因。原来美国的太太们常叮嘱她们的丈夫不要忘了下班后为小孩买尿不湿，而丈夫们在买尿不湿时常常习惯性地捎上几罐啤酒以犒劳自己。这是一个了不起的发现，沃尔玛以此为依据尝试将这两种商品并排摆放，结果啤酒和尿不湿的销量双双增长。

以上故事是数据挖掘的典型案例，通过对大量数据进行处理分析，从中发现有价值的知识和规律。类似的案例还有许多，如淘宝、亚马逊（Amazon）等电商通过海量的顾客网购记录分析顾客的消费习惯，并以此为依据向顾客推荐商品；谷歌（Google）通过对检索词频分析成功预知了 2009 年冬季流感的到来；芝麻信用通过海量的网络交易数据分析对用户进行信用评估和风险测控；腾讯通过对海量游戏数据进行分析实现游戏产品的市场预测和精准营销等。

1.1.1 数据、信息和知识

数据（Data）产生于对客观事物的观察与测量，我们把被研究的客观事物称为实体（Entity）。实体可以通过各种可观测的属性（或称为特征）来描述，例如，人作为一个实体，有年龄、性别、身高、体重等属性，这些属性有时也称为变量（Variable），而这些变量的取值就是数据。在计算机科学中，数据是一个非常广泛的概念，它泛指所有能够被计算机处理的单一符号、符号组合，甚至模拟信号。

信息（Information）是数据的内涵，要得到信息需对数据进行解释或加工处理。信息与数据既有区别又有联系，数据是信息的载体，是具体的数字或符号，是具体的；信息是数据的内在含义，是抽象的。

对信息进行再加工，进一步抽象和概括，就得到了知识（Knowledge）。知识通常表现为模式或规律，它是对信息之间的逻辑联系的抽象概括，具有简单、可重复、可推广的特点，例如表 1.1 所示的关系数据库。

表 1.1 学生成绩表

姓名	学号	综合成绩	等级
李明	001	82	B
刘艳	002	91	A
张凯	003	95	A
杨林	004	97	A
王二小	005	85	B
钱晓兰	006	87	B
刘丽	007	99	A

比如"李明的综合成绩是 82""李明的等级是 B""刘艳的综合成绩是 91""刘艳的等级是 A"是信息，而"如果综合成绩>90 那么等级为 A""如果综合成绩>80 且综合成绩<90 那么等级为 B"则是知识，它们是对多条信息的抽象概括，提取其规律。

从大量的知识中总结出原理和法则，就得到了智慧（Wisdom），它是更高层次的抽象。从数据到信息，再到知识，再到智慧，是一个不断抽象概括的加工过程，可以用图 1.1 来表示。

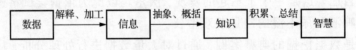

图 1.1 从数据到知识、智慧的过程

1.1.2 数据挖掘的定义

通过上一小节的学习已经知道数据、信息和知识是不同的，有数据并不等于有信息和知识，必须对数据进行解释、加工、抽象和概括才能得到信息和知识。真正有价值、可供人类利用的是信息和知识，而不是数据，因此将数据转化为信息和知识至关重要。计算机的早期时代是通过人工的方式实现由数据到知识的转化，但随着计算机和互联网技术的发展，数据规模以指数方式爆炸式增长，人工处理方式已不可行。从大量的数据中以自动或半自动的方式抽取信息、发现新的知识就是数据挖掘（Data Mining，DM）的基本任务。

关于数据挖掘，一个比较公认的定义是：

数据挖掘是利用人工智能、机器学习、统计学等方法从海量的数据中提取有用的、事先不为人所知的模式或知识的计算过程。

形象地说，数据挖掘就是挖矿，从矿山（数据库）中发掘有用的矿藏（知识）。如果从数学角度来看，数据挖掘就是一个变换，它将输入的数据变换为有用的模式或知识。

在数据库领域研究者常常使用"数据库中的知识发现（Knowledge Discovery in

Database, KDD)",这个术语最早由 Piatetsky 和 Shapiro 提出,其含义是指从原始数据出发,经过数据清洗、集成、选择、变换、提取、评估得到有价值的信息和知识的整个过程,如图 1.2 所示。

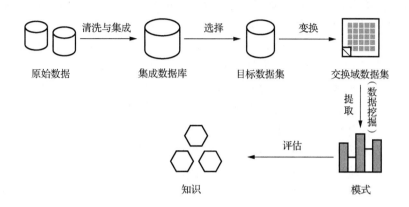

图 1.2 知识发现的过程

在这个过程中,从数据中提取事先不为人所知的、有价值的模式是最为关键的一步,数据库研究者把这一步称为数据挖掘,但现在学术界通常把数据挖掘与数据库中的知识发现视为等同的概念。

在图 1.2 中,把数据的清洗、集成、选择和变换等步骤称为数据的预处理。之所以需要这些预处理步骤是因为现实数据具有数量大、维数高、高度冗余、含噪声、有缺失等特点,如果不对其进行预处理,一方面计算量太大,另一方面由于无关数据的干扰导致挖掘的结果不可靠。数据预处理的过程需要大量使用统计学、信号与图像处理等领域的方法。

数据经过预处理之后,便可对其进行挖掘,从中提取事先不为人所知的、有价值的知识,这些知识包括关联规则、分类模型、预测模型、聚类模型、时间序列模型和异类检测模型,将在 1.2.2 节对这些概念做出解释。为了从数据中挖掘出关联规则、分类、预测、聚类和异类知识,需要大量使用概率统计、模糊数学、模式识别、人工智能、机器学习、专家系统甚至神经科学等领域的方法。此外,为构建一个高效的数据挖掘系统,还需要知识表示、高性能计算等领域的知识,因此数据挖掘是一门综合性的交叉学科。

1.1.3 数据挖掘的发展简史

在计算机诞生之初,数据是零散存储的,随着数据量的增大和复杂性的提高,数据的管理和有效利用问题提上了日程。20 世纪 60 年代产生了数据库和数据库管理系统,其中著名的有美国通用电气公司(General Electric Company, GE)开发的 IDS(Integrated Data Store)和 IMS(Information Management system)。1970 年国际商用机器公司(International Business Machines Corporation, IBM)的 E.F.Codd 博士提出了关系数据模型，使得关系数据库逐渐成为数据库系统的主流。传统数据库仅解决了数据的查询、操纵、定义和控制等底层功能，但企业需要的不是数据，而是能够辅助决策的高层信息和知识，这就需要将多源异构的数据进行集成、统一处理并实时地生成报表，以供决策者参考。为了解决这个问题，Bill Inmon 于 1990 年提出了数据仓库（Data Warehouse）和联机分析处理（On Line Analytical Processing, OLAP）等思想，使得数据库管理系统更加智能化，能够自动生成报表，实时提供一些辅助决策的知识。

尽管数据仓库和联机分析处理具有较高的自动化水平，但它们仍然只能做事先设定的处理和操作，而无法自动发现新知识。20 世纪 90 年代中期，随着互联网技术的发展，信息量急剧增长，且形式多样化，更新换代速度加快，为了提高数据转化为知识的效率，研究者开始将人工智能和机器学习的方法引入数据库管理系统，使系统具有从数据中探索和发现新知识的能力，于是数据挖掘作为一门新学科正式形成。

近十几年来，随着多媒体信息技术、移动网络技术、物联网和云计算技术的发展，不仅数据量爆炸式增长，种类越来越多样化，而且对数据处理的时效性要求也越来越高，大数据的概念由此形成。大数据给数据挖掘带来了新的发展机遇，使得数据挖掘的应用越来越广泛和普及，同时也给数据挖掘带来了新的挑战，这主要表现在如下 4 个方面：①数据量大大超过了传统计算机硬件和软件能够处理的范围；②数据的质量低，存在大量缺失和错误；③数据高度冗余，价值密度低；④实时性要求高。为了应对这些挑战，高性能计算、云计算以及近年发展起来的深度学习成为大数据挖掘必不可少的工具。

1.2　数据挖掘的基本流程及方法概述

1.2.1　数据挖掘的基本流程

在 1.1.1 节扼要介绍了知识发现的基本过程，将这一过程稍作完善，即得到数据挖掘的基本流程，如图 1.3 所示。

数据挖掘大致分为数据预处理、数据挖掘、模式评估 3 个阶段。其中预处理大致包括清洗、集成、选择、变换等步骤。由于原始数据中含有噪声、错误、缺失等，因此预处理的第一步是对数据进行清洗，消除数据中的噪声和无关数据，修复错误、填补缺失数据等。接下来是对来自不同数据源中的数据进行集成，将有关的数据组合在一起构建数据仓库。数据仓库中的数据并非都与挖掘主题有关，必须从中选出与挖掘主题密切相关的数据，这样一方面可以减少计算量，另一方面还可以消除无关数据的干扰。选择完数据之后，还需要对目标数据进行变换，如线性回归分析（Linear Regression Analysis）、主成分分析（Principal Component Analysis）、多维标度分析（Multidimensional Scaling）、傅里叶变换（Fourier Transform）、离散余弦变换（Discrete Cosine Transform）、小波变换（Wavelet Transform）等，变换的主要目的是消除冗余，简化数据，这一步骤也称数据归约（Data Reduction）。

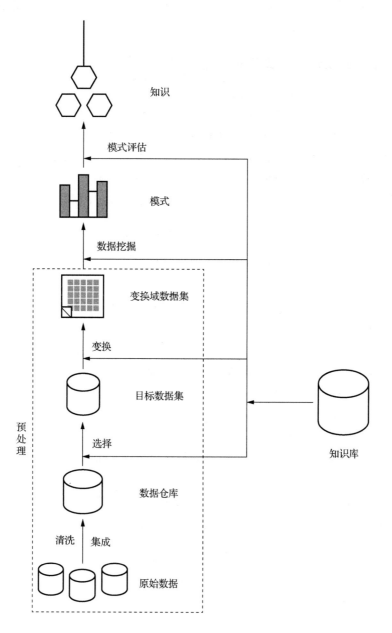

图 1.3　数据挖掘流程图

　　数据挖掘阶段的主要任务是从变换后的数据集中挖掘出事先不为人所知的模式或知识，这一阶段将在 1.2.2 节中介绍。挖掘出新的模式和知识后，还需要对其进行评估，按照一定的标准，如挖到的知识的新奇性、有效程度和应用价值等，从中筛选出新奇的、有效的、有价值的模式和知识。此外还需要用适当的方式将这些知识表示或展现出来，因此，知识表示和可视化技术也是数据挖掘的重要研究内容。

　　在数据选择、数据变换（归约）、数据挖掘、模式评估等步骤都需要专业领域知识的参与，如对业务的理解、对数据的理解、对模式的评估标准等，因此需要有一个专业领域知识库来指导和支持数据挖掘的整个过程。

1.2.2 数据挖掘的任务和方法概述

数据挖掘所要挖掘的模式和知识包括以下内容：

（1）对数据集的概要总结。通过对数据集中的数据进行统计分析得出数据集的总体特征，对数据集进行简明、准确的描述，或对两个数据集进行对比，给出两个数据集的差异的概要性描述。例如，从某校教职工数据库中选择讲师数据进行挖掘分析，可得到讲师的概要性描述："65%（age<30）and（age>24）"，这就表示该校的讲师中有 65%的人年龄介于 24 岁和 30 岁之间；又比如，抽取该校教职工数据库中的讲师数据和副教授数据进行对比分析，可以得到如下概要性描述：

"讲师：70%（papers<3）and（teaching course<2）"

"副教授：65%（papers>=3）and（teaching course>=2）"

这就表示该校讲师中有 70%的人发表的论文数量小于 3 且所授课程小于 2 门；而该校的副教授中有 65%的人发表了至少 3 篇论文且讲授至少 2 门课程。

（2）数据的关联规则。关联规则是描述数据之间潜在联系的一种方式，通常用形如 $A-B$ 的蕴含式来表示。例如，从某零售店的原始销售记录中挖掘出如下关联规则：

$$contains(X,'bread') \rightarrow contains(X,'milk')[support=10\%,confidence=60\%]$$

这就表示所有顾客中有 10%的人同时购买了面包和牛奶两样商品，而在购买了面包的顾客中有 60%的顾客同时购买了牛奶。其中前一个百分比称为支持度，其大小反映了关联规则的普遍程度，支持度越大表示该关联规则覆盖的范围越大；后一个百分比称为置信度，是一个条件概率，其值越大则表示购买了面包的顾客同时购买牛奶的概率越大。

又如，某房地产销售公司从历史销售记录中挖掘出如下关联规则：

(年龄>30)∧(年龄<50)∧(年收入>20 万元)→（是否成交='yes'）

[support=20%,confidence=85%],

这就表示该公司的客户中年龄介于 30 岁与 50 岁之间、年收入大于 20 万元的客户占 20%，而在年龄介于 30 岁与 50 岁之间、年收入大于 20 万元的客户中有 85%的最终成交了。

关联规则挖掘是数据挖掘的重要内容，将在第 5 章详细介绍关联规则挖掘的算法。

（3）分类与预测。所谓分类，就是按照一定的规则将样本数据划分成不同的类，分类的关键在于选择合适的分类规则，这些规则通常是从样本数据中学习而获得。所谓预测，就是利用某个函数模型来估计样本的某些属性的值，所利用的函数模型可以是线性的也可以是非线性的，可以是参数模型也可以是非参数模型，这些模型和参数通常需要通过从训练数据中学习得到。分类和预测是紧密相关的，分类可以看作预测的特殊情形，即因变量只能取有限的离散值的情形。

例如，商业银行可以根据信用卡申请人的年龄、职业、收入水平、财产状况等对信用卡申请人进行分类，将信用卡申请人分为低、中、高风险三类，分类方法可以是决策树模型、支持向量机或神经网络模型等，这些模型将在第 6 章和第 7 章详细介绍。

（4）聚类。所谓聚类，就是依据数据内在的相似性将其划分为若干类，使得同类数据之间的相似度尽可能大，并且不同类数据之间的相似度尽可能小。聚类与分类不同，其区别在于事先并不知道样本数据有哪些类，是探索性的。聚类的关键在于选择合适的相似性度量。

例如，手机销售公司可依据消费者的年龄、性别、职业、收入水平、居住地等属性对消费者进行聚类分析，探索各类消费者的特点，以促进营销。将在第 8 章详细介绍聚类算法。

（5）异类检测。异类（Outlier）也称异常点，是指那些不符合大多数数据对象所构成的规律（模型）的数据对象，如分类模型中的反常实例、聚类模型中的离群点等。传统的数据挖掘算法为了提高模型的拟合优度常常将异类当作噪声除去，但在某些应用中异类往往是重要的，如诈骗识别、异常行为检测、网络异常检测等，对于这些应用异类检测尤其重要。研究者提出了许多异类检测算法，如基于数据对象的概率分布的算法、机器学习算法等。

（6）时间序列模型。像股票价格这样的数据是随时间不断演化的，人们关心的是其演化规律，即数据在时间维度上的相关性，如趋势、周期性、自回归模式等，这就是时间序列模式，这些模式可以用各种各样的时间序列模型来描述。

在挖掘关联规则、分类、预测、聚类、异类和时间序列模式等知识时，人们需要用到各种机器学习算法，如贝叶斯网络、支持向量机、人工神经网络、深度学习等。所谓机器学习，就是用计算机程序模拟人类的学习过程，是一个从训练数据中获取经验并不断改进系统自身性能的有反馈的信息处理与控制过程。例如，神经网络就是一个典型的学习系统，它由多个神经元连接而成，每一个神经元的功能实际上是一个简单的非线性函数，其结构可以用图 1.4 表示。

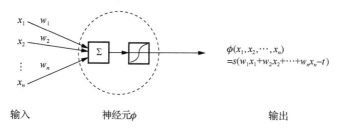

图 1.4　单个神经元结构示意图

图中 $w_1, w_2, \cdots, w_n$ 称为连接权值，$s(x)$ 称为激活函数，t 是激活阈值。激活函数 $s(x)$ 通常取如下 Logistic 函数：

$$s(x) = \frac{1}{1 + e^{-kx}} \quad x \in \mathbf{R}$$

其图像是 S 形。通过适当地设置连接权值和激活阈值，单个神经元具有一定的分类和预测能力，但毕竟模型过于简单，无法胜任复杂数据的分类和预测。如果将多个神经元按照适当的方式连接起来，就得到了一个人工神经网络（简称神经网络）。图 1.5 所示的三层神经网络就是一个典型的分类器。

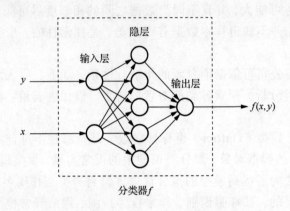

图 1.5　三层神经网络构成的分类器

这个分类器是由多个神经元线性组合和嵌套构成的复杂的非线性函数 $f(x,y)$，当然它依赖于连接权值和激活阈值的设定，用 w 表示所有连接权值和激活阈值所构成的向量，则分类器的完整表达式为 $f(x,y,w)$。如何训练这个分类器使它"学会"对样本数据进行分类呢？不妨假设待分类的样本数据是坐标平面上的一些点：

$$E = \left\{ (x_1, y_1), (x_2, y_2), (x_3, y_3), \cdots \right\}$$

这些样本数据分属于两个不同的类，即Ⅰ和Ⅱ。要让分类器学习就必须提供"学习材料"，即训练样本，这里准备的训练样本是从所有样本数据中随机地抽取一部分，并用人工方式标注所抽取的每一个样本数据所属的类别，样本数据（x_i, y_i）所属的类别用可用一个标签 μ 表示，即

$$\mu_i = \begin{cases} 1, & 如果 x_i, y_i 属于第Ⅰ类 \\ -1, & 如果 x_i, y_i 属于第Ⅱ类 \end{cases}$$

这些训练样本连同其标签就构成了训练数据集 D：

$$D = \left\{ (x_1, y_1, \mu_1), (x_2, y_2, \mu_2), (x_3, y_3, \mu_3), \cdots, (x_n, y_n, \mu_n) \right\}$$

分类器学习的过程就是不断地调节向量 w，使得式（1.1）平方误差函数

$$E = \sum_{i=1}^{n} \left[f(x_i, y_i, w) - \mu_i \right]^2 \tag{1.1}$$

最小化的过程，具体的计算原理将在第 7 章学习。分类器经过学习后可以达到非常好的分类效果，如图 1.6 所示，其中"+"表示 Ⅰ 类样本，"o"表示 Ⅱ 类样本。

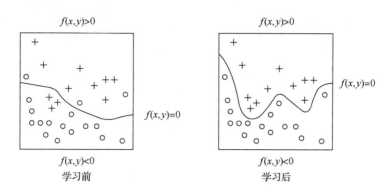

图 1.6　分类器学习的效果

机器学习算法大致可以分为监督学习（Supervised Learning）和非监督学习（Unsupervised Learning）两类。所谓监督学习，就是有教师指导的学习，训练数据必须是已经标注的样本数据，或者说训练目标由人指定，如回归、分类等；所谓非监督学习，就是无教师指导的学习，训练数据是无标签数据，学习算法只能从数据本身提取模式和规律，如聚类、自编码学习等。关于机器学习的更多知识将在第 6 章、第 7章和第 9 章介绍。

1.3　数据挖掘的应用

本章开篇举了啤酒和尿不湿的例子，这是数据挖掘的一个典型应用。事实上，数据挖掘技术从一开始就是面向应用的，应用领域非常广泛，包括商务、银行、保险、医疗、电信、科研、教育、电子出版、娱乐、社交媒体、智能电网等。下面仅就商务领域、医疗和医学领域、银行和保险领域、社交媒体领域举几个典型的应用实例。

1.3.1　数据挖掘在商务领域的应用

数据挖掘在商务领域的应用包括：库存及物流管理、数据库营销、客户群体划分、背景分析、交叉销售、客户流失性分析等。美国运通公司（American Express）有一个用于记录信用卡业务的数据库，数据量达到 54 亿字符，并仍在随着业务进展不断更新。运通公司对这些数据进行挖掘，在此基础上制定了"关联结算（Relation Ship Billing）优惠"的促销策略，即如果一个顾客在一个商店用运通卡购买一套时装，那么在同一个商店再买一双鞋，就可以得到比较大的折扣。这种策略取得了极大的成功，实现了商店销售量和运通卡使用率的双双增长。

农夫山泉通过定期采集饮用水的生产、运输、销售、财务等环节的场景数据，每月收到约 3 TB 的数据，其中不乏图像、视频、音频等非结构化数据，通过对这些数

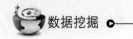

据的挖掘，实时制定生产、运输、销售的精准管理策略，取得了巨大的成功，近年销售额连续以 30%~40%的速度增长。

亚马逊（Amazon）在业内率先使用了大数据、人工智能和云技术进行仓储物流的管理，创新性地推出预测性调拨、跨区域配送、跨国境配送等服务。京东的 JIMI 客服机器人通过大数据挖掘来判断用户需求，还具备一定的学习能力，在售前咨询方面、在部分品类上的回答满意度方面已经超过了人工客服；同时在采销系统上利用数据挖掘实现智能补货，效率提高近 50%，通过用户和小区的需求画像实现智能推荐和 C2B（Consumer to Business）。

2015 年 8 月，阿里巴巴与苏宁战略合作，实现线上与线下联合，利用大数据、物联网、移动应用、金融支付等手段打造了 O2O（Online to Offline）的新模式，充分发挥了阿里巴巴强大的线上体系和苏宁线下门店的互补优势。

1.3.2　数据挖掘在医疗和医学领域的应用

人体是一个复杂的系统，人的生老病死有着复杂的内在规律，尽管目前分子生物学和医学高度发展，人类对这些复杂规律的了解仍然是冰山一角。总部位于美国的 Tute Genomics 公司通过基因测序服务收集了大量的受试者基因和健康信息，建立了一个大型基因数据库，他们以云技术为依托，结合全世界的基因组学信息，解码患者基因信息，为基于基因组学的精密医疗提供相应数据与决策。

斯坦福大学医学院的 Lloyd Minor 教授与其同事们从不同资源中获取了大量数据，包括电子医疗记录、全基因组序列、保险和医药记录、可穿戴式传感器和社会环境数据，建立了一个名为"和你一样的病人"的数据库系统，通过数据挖掘，医生和研究人员可更好地预测个人患特定疾病的概率，有针对性地制定对早期检查和预防的方案。

大数据在医疗领域的另一个应用是利用电子病历数据库、互联网大数据、社交媒体数据以及卫生部门专有的各种病疫数据库实时开展公共卫生监测，包括流行病监测、传染病监测、慢性非传染性疾病及相关危险因素监测、出生缺陷监测、食品安全风险监测等。

1.3.3　数据挖掘在银行和保险领域的应用

风险管理是商业银行经营管理的重要内容，对互联网金融企业尤其如此。阿里巴巴旗下的浙江网商银行通过对海量客户数据的挖掘实现对贷款申请人的信用评估；芝麻信用通过海量的网络交易数据分析对用户进行信用评估和风险控制。

在保险行业，大数据挖掘分析将成为风险评估与定价的重要手段。如美国前进保险公司（Progressive）利用车联网设备，收集驾驶时间、地点、速度、急刹车等驾驶数据，来判断驾驶行为中存在的风险，设计"从用"的个性化 UBI 车险产品；英国保险公司英杰华集团（Aviva）运用网络数据挖掘帮助该公司识别出申请者的潜在健康隐患及风险，为保费设定提供支持。

1.3.4 数据挖掘在社交媒体领域的应用

Facebook 每天产生 100 亿条消息、45 亿次"喜欢"按钮点击和 3.5 亿张新图片，通过对这些数据的挖掘分析可获得用户的位置、朋友、喜好等信息。Facebook 一方面利用这些信息影响用户行为，如提供标注建议等，另一方面还向合作伙伴推出话题数据（Topic Data），这些话题数据可以向市场营销人员反应大众对于品牌、事件、活动和主题的反应，市场营销人员可以据此有选择地调整他们在该平台及其他渠道中的营销方式。

腾讯每天接入 5 千亿条数据，覆盖移动设备数达 7.7 亿台，通过对这些数据的挖掘分析可实现对用户的行为特点、偏好、消费能力等的精准定位，并以此为基础实现精准广告投放、精准移动推送、手机游戏精细化运营的业务。

YouTube 是 Google 旗下的一个视频交流网站，是目前世界上最大的视频交流网站，在全球有超过 10 亿注册用户，每天收到用户上传的视频接近 1 000 万个，用户要从如此庞大的视频数据库中找到自己感兴趣的视频犹如大海捞针，为了增加用户体验，Google 利用深度神经网络挖掘视频语义特征，改进搜索推荐算法，实现了目前世界上最强大的推荐系统。

习　题

1. 数据、信息和知识有什么联系？
2. 什么是数据挖掘？
3. 大数据给数据挖掘带来了哪些挑战？
4. 数据预处理包括哪些步骤？
5. 数据挖掘的任务是什么？
6. 数据挖掘的基本方法有哪些？
7. 聚类和分类有什么区别？
8. 什么是机器学习？
9. 监督学习和非监督学习有何区别？
10. 请举几个数据挖掘应用的实例。

数据的描述与可视化 <<< 第 2 章

2.1 概　述

应用各种模型实施数据挖掘的前提是准备好各种数据集。数据描述与可视化是通过仔细分析数据属性和数据值，对数据集中的一种直观数据特征描述。现实中的数据源庞大（数兆兆字节或更多）并涉及不同领域，而且常含有干扰、噪声。本章主要研究如下内容：不同数据类型的属性或字段，每个属性具有何种类型的数据值；哪些属性是离散的，哪些是连续值的；数据值分布特征，如何可视化分析数据才能更好地理解数据；如何找出数据离群点；如何度量数据对象之间的相似性。

2.2 数据对象与属性类型

数据集由数据对象组成。一个数据对象代表一个实体。例如，在销售数据库中，对象可以是顾客、商品或销售；在医疗数据库中，对象可以是患者；在大学数据库中，对象可以是学生、教授和课程。通常，数据对象用属性描述。数据对象又称样本、实例、数据点或对象。如果数据对象存放在数据库中，则它们是数据元组。数据库中的行对应数据对象、列对应属性。本节介绍属性的定义和各种属性类型的分析。

2.2.1　什么是属性

属性是一个数据字段，表示数据对象的一个特征。属性、维、特征和变量可以互换地使用。"维"一般用在数据库中，机器学习中倾向于使用术语"特征"，而统计学中使用术语"变量"。数据挖掘和数据库一般使用术语"属性"，例如，描述顾客对象的属性可能包括 customer_ID、name 和 address。属性的观测值称为观测，用来描述一个给定对象的一组属性，称为属性向量（或特征向量）。涉及一个属性的数据分布称为单变量，涉及两个分布的数据属性称为双变量。一个属性的类型由该属性的值的集合决定，是标称、二元、序数或数值。

2.2.2　标称属性

标称属性值是一些符号或事物的名称。每个值代表某种类别、编码或状态，标称属性又被看作是分类，与排序无关。在计算机中标称属性值也被看作是枚举。

例 2.1 标称属性。假设 hair_color 和 marital_status 是两个描述人的属性，则 hair_color 的可能值为黑色、棕色、淡黄色、红色、赤褐色、灰色和白色。属性 marital_status 的可能值是单身、已婚、离异和丧偶。这里 hair_color 和 marital_status 就是标称属性。另一标称属性例子 occupation，可能的值为教师、牙医、程序员、农民等。

尽管标称属性的值是一些符号或"事物的名称"，但也可用数字表示。例如，对于 hair_color，可以指定代码 0 表示黑色、1 表示棕色，等等。另一个例子 customer_ID，也可用数字描述。但一般并不定量使用这些数，因为标称属性数学运算没有意义，就像从一个人年龄的数值属性减去另一个人年龄的数值属性，或从一个顾客号减去另一个顾客号都无意义。标称属性可以取整数值，但通常不会定量地使用这些整数，所以整数值不作为数值属性。

2.2.3 二元属性

二元属性（Binary Attribute）是一种标称属性，只有两个类别或状态：0 或 1/true 和 false，其中 0 通常表示该属性不出现，而 1 表示出现。二元属性又称布尔属性。

例 2.2 二元属性。若属性 smoker 描述患者对象，1 表示患者抽烟，0 表示不抽烟。类似地，假设患者具有两种可能的医学化验结果，属性 medical_test 就是二元的，值 1 表示化验结果阳性，0 表示阴性。一个对称的二元属性，如果它的两种状态具有同等价值和相同权重，即哪个是 0 或 1 编码并无偏好。例如，男和女性别 gender 属性就是一个非对称的二元属性，如艾滋病病毒（HIV）化验的阳性和阴性结果，用 1 编码对应最重要的 HIV 阳性结果（通常是稀有的），而另一个用 0 编码 HIV 阴性。

2.2.4 序数属性

序数属性的值之间具有有意义的序或秩，但是相互之间的差值确是未知的。

例 2.3 序数属性：假设 drink_size 对应于快食店供应的饮料量，这个标称属性有 3 个可能的值——小、中、大，这些值的先后次序（对应于递增的饮料量）具有意义，不能说"大"比"中"大多少。序数属性的其他例子包括 grade（成绩，例如 A+、A、A-、B+等）和 professional_rank（职位）。职位可以按顺序枚举，如对于教师有助教、讲师、副教授和教授，对于军阶有列兵、一等兵、专业军士、下士、中士等。对于不能客观度量的记录质量评估，序数属性是有用的。因此，序数属性通常用于等级评定调查。例如，在一项调查中，要求评定顾客的满意程度：0-很不满意、1-不太满意、2-中性、3-满意、4-很满意。在数据归约中可看到，序数属性可把数值量的值域划分成有限个有序的类别，从而把数值属性离散化。序数属性的中心趋势可以用它的众数和中位数（有序序列的中间值）表示，但不能定义均值。这里要注意，标称、二元和序数属性都是定性描述对象的特征，不给出实际大小或数量。这种定性属性的值

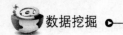

通常是代表类别的，如果使用整数，则代表类别编码，而不是测量值属性（例如，0 表示小杯饮料，1 表示中号杯，2 表示大杯）。

2.2.5 数值属性

数值属性是可度量的变量，用整数或实数值表示。数值属性可以是区间标度或比率标度。

1）区间标度属性

区间标度属性用等量单位尺度度量。区间属性的值是有序，可以为正数、0 或负数。

例 2.4 区间标度属性。temperature 属性是区间标度。已知连续几天的室外温度值，每天作为一个对象，把温度值进行排序，得到这些对象的温度排序评定。例如，温度 20℃比 5℃高出 15℃，2002 年与 2010 年相差 8 年。摄氏温度和华氏温度都没有真正的零点，0℃和 0F 都不表示"没有温度"（摄氏温度的度量单位是水在标准大气压下沸点温度与冰点温度之差的 1/100）。温度差值是可以计算的，但不能说一个温度值是另一个的倍数。因为没有真正的零度，也不能说 10℃比 5℃温暖 2 倍，也不能用比率度量。类似地，日期也没有绝对的零点（0 年并不对应于时间的开始）。对于比率标度属性，存在真正的零点。由于区间标度属性是数值，除了中心趋势度量中位数和众数之外，还可以计算均值。

2）比率标度属性

比率标度属性是具有零点的数值属性。如果度量是比率标度，则一个值是另一个值的倍数（或比率）。此外，这些值具有有序性，可以计算值之间的差，也能计算均值、中位数和众数。

例 2.5 比率标度属性。与摄氏和华氏温度不同，开氏温标（K）具有绝对零点（K=-273.15℃），且在该点，构成物质的粒子具有零动能。其他比率标度属性的例子还有工作年限（对象是雇员）和字数（对象是文档）等计数属性，还有度量重量、高度、速度和货币量（例如，100 美元比 1 美元富有 100 倍）属性的例子。

2.2.6 离散属性与连续属性

前面介绍的标称、二元、序数和数值类型属性，相互间并不互斥。在机器学习中，通常把属性分成离散和连续，每种类型对应不同的处理方法。离散属性具有有限或无限个值，可以用整数表示，如属性 hair_color、smoker、medical_test 和 drink_size 是离散属性。如对于二元属性取 0 和 1，对于年龄属性取 0 到 110。如果一个属性值集合是无限的，可以用自然数一一对应，则这个属性是无限可数的。例如，属性 customer_ID 是无限可数的，虽然顾客数量是无限增长的，但实际的值集合是可数的，这样就可以建立顾客与整数集合的一一对应。邮政编码是另一个例子，如果属性是连续的，则术语"数值属性"与"连续属性"可以互换（连续值是实数，而数值值可以是整数或实数）。实数值用有限位数字表示，连续属性一般用浮点数表示。

2.3 数据的基本统计描述

数据预处理就是尽可能揭示数据的全貌特征，而数据的基本统计就是用来识别数据的性质，识别数据值中的噪声或离群点。

2.3.1 中心趋势度量

中心趋势度量包括均值、中位数、众数中列数。假设 salary 作为某个属性 X，在这个数据对象集中，记录这个属性的值 $x_1, x_2, \cdots, x_N$ 为 X 的 N 个观测值，又称 X 的"数据集"。这些观测值的大部分值落在数据集的何处？这就是数据的中心趋势概念。数据集 "中心" 最常用的数值度量是（算术）均值。令 $x_1, x_2, \cdots, x_N$ 为某数值属性 X（如 salary）的 N 个观测值，该值集合的均值（mean）为式（2.1）：

$$\overline{x} = \frac{\sum_{i=1}^{N} X_i}{N} = \frac{x_1 + x_2 + \ldots + x_N}{N} \tag{2.1}$$

均值是数据集的全局量，对应关系数据库中的内置聚集函数 average(SQLavg())。

例 2.6 假设 salary 的观测值（以千美元为单位）按递增次序显示：30，31，47，50，52，52，56，60，63，70，70，110，根据式（2.1），均值为式（2.2）：

$$\overline{x} = \frac{30 + 31 + 47 + 50 + 52 + 52 + 56 + 60 + 63 + 70 + 70 + 110}{12} = 58 \tag{2.2}$$

因此，salary 的均值为 58 000 美元。

有时，对于 $i = 1, \cdots, N$，每个值 x_i 可以与一个权重 w_i 相关联。权重反映它们所依附的对应值的意义、重要性或出现的频率，此时均值为式（2.3）：

$$\overline{x} = \frac{\sum_{i=1}^{N} w_i x_i}{\sum_{i=1}^{N} w_i} = \frac{w_1 x_1 + w_2 x_2 + \ldots + w_N x_N}{w_1 + w_2 + \ldots + w_N} \tag{2.3}$$

式（2.3）得出加权算术均值或得出加权平均。

尽管均值是描述数据集的常用量，但不是度量数据中心的最佳方法。主要原因是均值对极端值（离群点）很敏感。例如，公司的平均薪水可能被少数几个高收入的经理显著推高。类似地，一个班的考试平均成绩可能被少数很低的成绩拉低一些。为了抵消少数极端值的影响，可以使用截尾均值。截尾均值是丢弃高低极端值后的均值。这就是很多竞技赛中常常去掉一个最高分和一个最低分，然后求均值作为这个选手的成绩的原因。针对 salary 的观测值排序，在计算均值之前去掉 2% 的高端和低端，但要避免在两端截去太多，如 20%，这样就可能导致丢失有价值的信息。对于倾斜（非对称）数据，数据中心是用中位数度量。中位数是有序数据值的中间值，是把数据较高的一半与较低的一半分开的值。在概率论与统计学中，中位数一般用于数值数据，把这一概念推广到序数数据：假设给定某属性 X 的 N 个值按递增序排序。如果 N 是奇数，则中位数是该有序集的中间值；如果 N 是偶数，则中位数不唯一，它是最中间的两个值或这 2 个中间值之间的任意值。在 X 是数值属性的情况下，中位数取最中间两个值的平均值。

例 2.7 找出例 2.6 中数据的中位数。该数据已经按递增序排序并有偶数个观测（12 个观测），因此中位数不唯一。它可以是最中间两个值 52 和 56（即列表中的第 6 和第 7 个值）中的任意值，这两个中间值的平均值为中位数，即：

$$\frac{52+56}{2}=\frac{108}{2}=54$$

中位数为 54 000 美元。假设给定奇数个值（如取前 11 个值），中位数是最中间的值，即列表的第 6 个值，52 000 美元。当观测的数量很大时，中位数的计算量很大。但对于数值属性，可以计算中位数的近似值。具体做法是：将观测的数据集 x_i 划分成几个区间，找出每个区间的频率（即数据值的个数）。在例 2.6 中，可以根据年薪将人划分到 10 000 ~ 20 000 美元、20 000 ~ 30 000 美元等区间。

众数是另一种中心趋势度量。数据集的众数是集合中出现最频繁的值，可以对定性和定量属性确定众数。一个最高频率可能对应多个不同值，导致有多个众数。具有一个、两个、三个众数的数据集合分别称为单峰数值数据、双峰数值数据和三峰数值数据。具有两个或更多众数的数据集是多峰的，如果每个数据值仅出现一次，则它没有众数。

例 2.8 例 2.6 的数据是双峰的，因为两个众数为 52 000 美元和 70 000 美元。对于适度倾斜（非对称）的单峰数值数据，有下面的经验关系式（2.4）：

$$\text{mean} - \text{mode} \approx 3 \times (\text{mean} - \text{median}) \tag{2.4}$$

式 2.4 的含义是如果均值和中位数已知，则适度倾斜的单峰频率曲线的众数容易近似计算。中列数是另一个用来评估数值数据的中心趋势。中列数是数据集的最大和最小值的平值，中列数容易使用 SQL 的聚集函数 max() 和 min() 计算。

例 2.9 例 2.6 数据中的中列数为：

$$\frac{30\,000+110\,000}{2}=70\,000$$

2.3.2 度量数据散布：极差、四分位数、方差、标准差和四分位数极差

评估数值散布或发散的度量包括极差、分位数、四分位数、百分位数和四分位数极差。方差和标准差也可以指出数据分布的散布。

1）极差、四分位数和四分位数极差

首先讲述数据散布度量的极差、分位数、四分位数、百分位数和四分位数极差。

设 $X_1, X_2, \cdots, X_N$ 是某数值属性 X 上的观测的集合，该集合的极差是最大值（max()）与最小值（min()）之差。假设属性 X 的数据以数值递增序排列，挑选数据点把数据分布划分成大小相等的连贯集，如图 2.1 所示，这些数据点称为分位数。分位数（Quantile）是取自数据分布固定间隔上的点，把数据划分成基本上大小相等的连贯集合（"基本上"是有可能不能把数据划分成恰好大小相等的子集）给定数据分布的第 k 个 q-分位数的值 x，使得小于 x 的数据值最多为 k/p，而大于 x 的数据值最多为 $(q-k)/q$，其中 k 是整数，使得 $0 < k < q$，则有 $q-1$ 个 q-分位数。

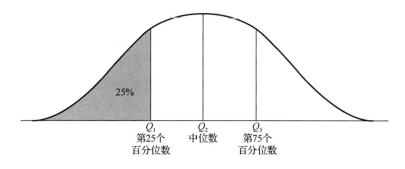

图 2.1 属性 X 数据分布图的四分位图

3 个四分位数把分布划分成相等部分，第二个四分位数对应中位数，2-分位数是一个数据点，就是把数据分布划分成高低两半，2-分位数对应于中位数。4-分位数是 3 个数据点，这 3 个数据点把数据分布划分成 4 个相等的部分，使得每部分表示数据分布的四分之一，通常称它们为四分位数。100-分位数通常称为百分位数，就是把数据分布划分成 100 个大小相等的连贯集。中位数、四分位数和百分位数是应用最广泛的分位数。在四分位数给出分布的中心、散布和形状中，第 1 个四分位数记作 Q_1，是第 25 个百分位数，它砍掉数据的最低的 25%；第 3 个四分位数记作 Q3，是第 75 个百分位数，它砍掉数据的最低的 75%（或最高的 25%）；第 2 个四分位数是第 50 个百分位数，作为中位数，给出数据分布的中心。

第 1 个和第 3 个四分位数之间的距离就是散布的一种简单度量，给出数据的中间一半所覆盖的范围，该距离称为四分位数极差 (IQR)，定义为式（2.5）：

$$IQR = Q_3 - Q_1 \tag{2.5}$$

例 2.10 四分位数是 3 个值，把排序的数据集划分成 4 个相等的部分。例 2.6 的数据包含 12 个观测，已经按递增顺序排序。该数据集的四分位数分别是该有序表的

第 3、第 6 和第 9 个值。因此，$Q_1 = 47\,000$ 美元，而 $Q_3 = 63\,000$ 美元。这样，四分位数极差为 IQR $= 63\,000 - 47\,000 = 16\,000$ 美元。注意，第 6 个值是中位数 52 000 美元，这个数据集因为数据值的个数为偶数，所以有两个中位数。

2）五数概括、盒图与离群点

对于倾斜分布，不适用单个散布数值度量（例如，IQR），如图 2.1 的对称和倾斜的数据分布。在对称分布中，中位数（或其他中心度量）把数据划分成相同大小的两半，而倾斜分布则不能。因此，除中位数之外，还提供两个四分位数 Q_1 和 Q_3，识别可疑的离群点，挑选落在第 3 个四分位数之上或第 1 个四分位数之下至少 $1.5 \times$ IQR 处的值。

由于 Q_1、中位数和 Q_3 不包含数据的端点信息，所以完整的分布形状通过最高和最低数据值得到，称为五数概括。分布的五数概括由中位数（Q_2）、四分位数 Q_1 和 Q_3、最小和最大观测值组成，按次序 Minimum，Q_1，Median，Q_3，Maximum 排列。

盒图是一种包含了五数的直观可视化分布描述，概括如下：

（1）盒的端点一般在四分位数上，使得盒的长度是四分位数极差 IQR。

（2）中位数用盒内的线标记。

（3）盒外的两条线（称为胡须）延伸到最小和最大观测值。

当处理数量适中的观测值时，盒图能够绘出观测值的离群点。当最高和最低观测值超过四分位数不到 $1.5 \times$ IQR 时，用胡须状来扩展，否则，胡须就出现在四分位数的 $1.5 \times$ IQR 内终端，剩下的观测值个别绘出。盒图是对多个可比较的数据集。

例 2.11 盒图。图 2.2 给定的时间段 All Electronics 的 4 个部门销售的商品单价数据盒图。对于部门 1，销售商品单价的中位数是 80 美元，Q_1 是 60 美元，Q_3 是 100 美元。注意，该部门的两个边远的观测值被个别绘出，因为它们的值 175 和 202 都超过 IQR 的 1.5 倍，这里 IQR $=40$。

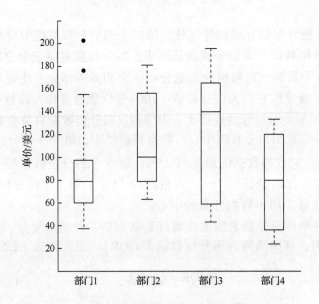

图 2.2 4 个部门销售的商品单价数据盒图

3）方差和标准差

相对均值作为数据集的全局度量特征描述而言，方差与标准差是度量数据分布的散布程度，是数据分布的局部特征描述。若标准差值低表示观测数据非常靠近均值，若标准差值高表示数据散布远离均值的一个大的范围中。针对数值属性 X 的 N 个观测值 $X_1, X_2, \cdots, X_N$ 方差为式（2.6）：

$$\sigma^2 = \frac{1}{N}\sum_{i=1}^{N}(X_i - \bar{X})^2 = \left(\frac{1}{N}\sum_{i=1}^{N}X_i^2\right)^2 - \bar{X}^2 \tag{2.6}$$

式中，$\bar{X}$ 是式（2.1）定义的均值，标准差 σ 是方差 σ^2 的平方根。

例 2.12　方差和标准差：在例 2.6 中，用式（2.1）计算均值得 $x = 58\,000$ 美元。为了确定方差和标准差，置 $N = 12$，得到：

$$\sigma^2 = \frac{(30-58)^2 + (31-58)^2 + \cdots + (110-58)^2}{12} = 379.17$$

$$\sigma^2 \approx \sqrt{379.17} \approx 19.14$$

作为观测数据发散程度的度量，标准差 σ 的性质是：

（1）σ 描述观测数据相对均值的发散程度。

（2）当观测数据值都相同时，$\sigma = 0$，数据不据有发散特性；否则，$\sigma > 0$。

如何衡量观测值远离均值超过标准差的多少倍，用 $\left(1 - \dfrac{1}{k^2}\right) \times 100\%$ 观测离均值不超过 k 个标准差。因此，标准差是数据集发散的很好度量方法。

2.3.3　数据基本统计的图形描述

本节研究分位数图、分位数–分位数图、直方图和散点图的可视化数据特征，常用于数据预处理。前 3 种图显示一元分布（一个属性的数据），而散点图显示二元分布（两个属性）。

1）分位数图

分位数图是一种分析单变量数据分布的简单方法。首先，它显示给定属性的所有数据（评估总的情况和不寻常状况）；其次，绘出了分位数信息。对于某序数或数值属性 X，设 $x_i(i = 1, \cdots, N)$ 是按递增序顺序排序的数据，使得 x_1 是最小的观测值，而 x_N 是最大的观测值。每个观测值 x_i 与一个百分数 f_i 配对，指出大约 $f_i \times 100\%$ 的数据小于 x_i。所谓"大约"是可能没有一个精确的小数值 x_i，使得数据的 $f_i \times 100\%$ 小于 x_i 的值。注意，百分比 0.25 对应于四分位数 Q_1，百分比 0.50 对应于中位数，而百分比 0.75 对

应于 Q_3。令 $f_i = \dfrac{i-0.5}{N}$，这些数从 $\dfrac{1}{2N}$（稍大于 0）到 $1-\dfrac{1}{2N}$（稍小于 1），以相同的步长 $1/N$ 递增。在分位数图中，x_i 对应 f_i，可以比较基于分位数的不同分布。例如，给定两个不同时间段的销售数据的分位数图，很容易比较它们的 Q_1、中位数、Q_3 以及其他 f_i 值。

例 2.13 分位数图。图 2.3 显示了表 2.1 单价数据的分位数图。

表 2.1 All Electronics 的一个部门销售的商品单价数据集

单价（美元）	商品销售量（件）
40	275
43	300
47	250
74	360
75	515
78	540
115	320
117	270
120	350

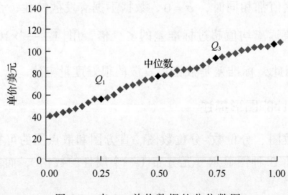

图 2.3　表 2.1 单价数据的分位数图

2）分位数-分位数图

分位数-分位数图或 $q-q$ 图是另一种分位数。绘制一个单变量分布的分位数，是一种可视化工具，可以分析从一个分布到另一个分布是否有漂移。

假定对属性或变量"单价"有两个观测集，对应两个不同的部门。设 $x_1, x_2, \cdots, x_N$ 是第一个部门的数据，$y_1, y_2, \cdots, y_N$ 是第二个部门的数据，每组数据都已按递增顺序排序。如果 $M=N$（每个集合点数相等），则 x_i 和 y_i 对应。y_i 和 x_i 对应数据集的第 $(i-0.5)/N$ 个分位数。如果 $M<N$（第二个部门的观测值比第一个少），则可能只有 M

个点在 $q-q$ 图中。这里，y_i 是 y 的第 $(i-0.5)/M$ 个分位数，对应 x 的第 $(i-0.5)/M$ 个分位数画。有时该算法用于插值。

例 2.14 分位数–分位数图。图 2.4 显示在给定的时间段 All Electronics 的两个不同部门销售的商品的单价数据的分位数–分位数图。每个点对应于每个数据集的相同的分位数，该分位数显示部门 1 与部门 2 销售商品的单价。为便于比较，两个部门在单价相同的情况下，也画一条给定分位数直线，黑点分别对应于 Q_1、中位数和 Q_3。

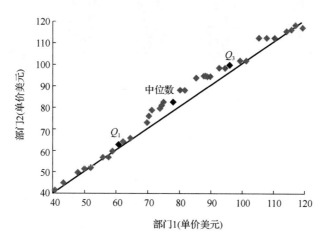

图 2.4 两个不同部门单价数据的分位数–分位数图

例如，部门 1 销售的商品单价比部门 2 稍低（对应 Q_1），也就是部门 1 销售的商品 25%低于或等于 60 美元，而部门 2 销售的商品 25%低于或等于 64 美元。在第 50 个分位数（标记为中位数 Q_2），部门 1 销售的商品 50%低于或等于 78 美元，而在部门 2 销售的商品 50%低于或等于 85 美元。部门 1 的分布相对于部门 2 有一个漂移，因为部门 1 销售的商品单价趋低于比部门 2。

3）直方图

直方图或频率直方图被广泛使用。直方图是对给定属性 X 分布的一种粗略表示方法，如果 X 是标称，如汽车型号或商品类型，则对于 X 的每个已知值，画一个柱或竖直条，高度标示该 X 值出现的频率，所以又称条形图。

如果 X 是数值，则用直方图名称。X 的值域被划分成不相交的连续子域，子域称为桶或箱，是数据分布的不相交子集，桶的范围称为宽度。通常各桶是等宽的。例如，值域为 1～200 美元（对最近的美元取整）的价格属性可以划分成子域 1～20、21～40、41～60，等等。对应每个子域分别画一个条形图，高度表示在该子域观测到的商品的计数。

例 2.15 直方图。表 2.1 的数据集直方图如图 2.5 所示，其中桶（或箱）定义成等宽，代表增量 20 美元，而频率是商品的销售数量。

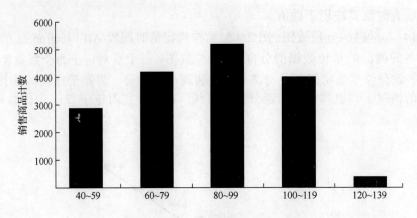

图 2.5 表 2.1 中数据集的直方图

尽管直方图被广泛使用，但对单变量观测值，用分位数图、q-q 图和盒图方法更有效。

4）散点图

散点图是确定两个数值变量之间相关性、某种模式或变化趋势的图形表示方法。为构造散点图，每个值对应一个坐标点画在平面上。表 2.1 中数据的散点图如图 2.6 所示。

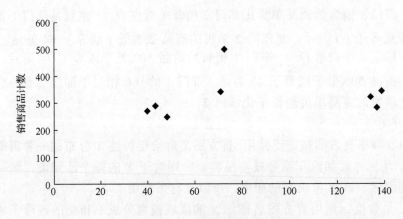

图 2.6 表 2.1 中数据集的散点图

散点图是一种观察双变量数据的有效方法，用于观察点簇和离群点，或考察相关性。对两个属性 X 和 Y，如果一个属性蕴含另一个，则它们是相关的。相关有正、负或零（不相关的），图 2.7 显示了两个属性之间正相关和负相关的例子。如果坐标点从左下到右上倾斜，则意味 X 的值随 Y 的值增加而增加，表示正相关［见图 2.7（a）］；如果坐标点从左上到右下倾斜，则意味 X 的值随 Y 的值减小而增加，表示负相关［见图 2.7（b）］。通过一条最佳拟合的线研究两变量之间的相关性，图 2.8 给出的三种情况，每数据集两属性之间都不存在相关关系。

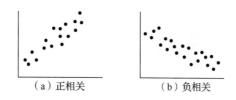

（a）正相关　　　　　（b）负相关

图 2.7　散点图可以用来发现属性之间的相关性

图 2.8　每个数据集中两个属性之间都不存在相关的三种关系

2.4　数据可视化

　　数据可视化就是通过图形有效地表达数据。数据可视化已经在许多应用领域广泛使用。例如，在编写报告、管理工商企业运转、跟踪任务进展等工作中常用数据可视化。通过数据可视化技术，可发现原始数据中不易观察到的数据联系。数据可视化可产生各种有趣的图案。

2.4.1　基于像素的可视化

　　一种可视化一维值的简单方法就是使用像素，用像素的颜色反映该维的值。对于一个 m 维的数据集，可以在屏幕上创建 m 个窗口，每维一个，记录的 m 个维值映射到这些窗口中对应位置上的 m 个像素，而像素的颜色反映对应的值。在窗口中，数据值按所有窗口共用的某种全局序安排，通过对所有记录排序得到。

　　例 2.16　基于像素的可视化经典示例：All Electronics 是一个顾客信息表，包含 4 个维：income（收入）、credit_limit（信贷额度）、transaction_volume（成交量）和 age（年龄），通过可视化分析 income 与其他属性之间的相关性，对所有顾客按收入的递增顺序排序，在 4 个可视化窗口安排顾客数据的数据，值越小，颜色相应就越淡。

　　很容易从图 2.9 中观察到，credit_limit 随 income 的增加而增加；收入处于中部区间的顾客更可能从 AllElectronics 购物；income 与 age 之间没有明确的相关性。

　　在像素可视化中，数据记录依赖查询方法排序。例如，给定一个点查询，可以把所有记录按照与该点查询的相似性递减顺序排序。

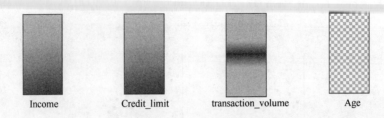

图 2.9 按 income 递增序对所有顾客排序（4 个属性）

对于宽窗口，以线性方法排列数据记录填充窗口的效果可能不好，因为在全局排序下彼此贴近，但每行的第一个像素与前一行的最后一个像素离得太远。上下贴近的像素窗口在全局排序下并非彼此贴近。为解决这一问题，用空间填充曲线来安排数据记录填充窗口，空间填充曲线覆盖整个 n 维单位超立方体。由于可视化窗口是二维的，用二维空间填充曲线。图 2.10 所示是常用的二维空间填充曲线。

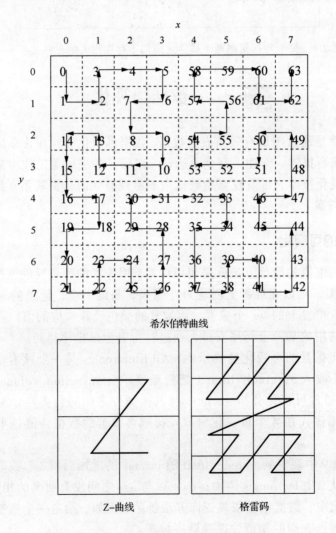

图 2.10 常用的二维空间填充曲线

注意，窗口不一定是矩形的。例如，圆弧分割法使用圆形窗口，这种方法容易改变维数，因为各维窗口并肩安排，形成一个圆，如图 2.11 所示。

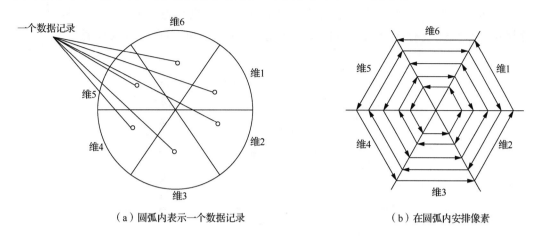

（a）圆弧内表示一个数据记录　　　　　　　（b）在圆弧内安排像素

图 2.11　圆弧分割法

2.4.2　几何投影可视化

基于像素的可视化技术的一个缺点是：对理解多维空间的数据分析帮助不大，因为像素并不显示在多维子空间是否存在稠密区域，于是提出了几何投影技术。几何投影技术帮助用户发现多维数据集的有趣投影，几何投影技术的首要挑战是设法解决如何在二维上可视化高维空间。对二维数据点，通常使用直角坐标系散点图，在散点图中可以使用不同的颜色或形状如"+"或"x"作为数据第三维。

三维数据集构成的散点图如图 2.12 所示，使用笛卡儿坐标系的三个坐标轴。如果再利用颜色就可显示四维数据点。

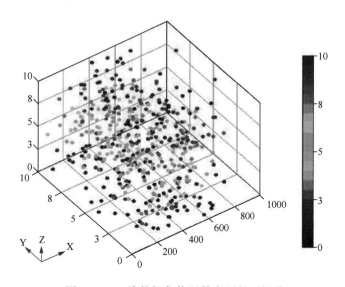

图 2.12　三维数据集使用散点图的可视化

　　对于维数超过 4 的数据集，散点图一般不太有效。散点图矩阵是散点图的一种扩展。对于 n 维数据集，散点图矩阵是二维散点图的 $n \times n$ 网格，提供每个维与所有其他维的可视化。图 2.13 显示的是鸢尾花的数据集。该数据集由 450 个样本，取自 3 种鸢尾花。该数据集有 5 个维：萼片长度和宽度、花瓣长度和宽度以及种属。

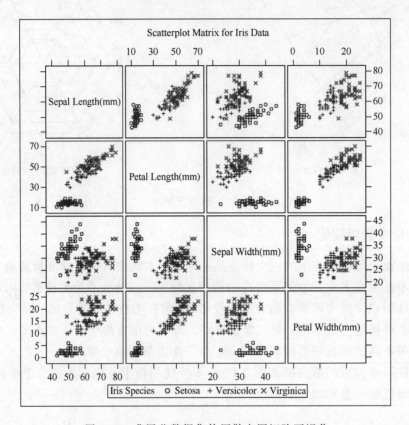

图 2.13　鸢尾花数据集使用散点图矩阵可视化

　　随着维数增加，散点图矩阵变得不太有效。另一种流行的方法称为平行坐标，它可以处理更高的维度。为了可视化 n 维数据点，以多个垂直平行坐标绘制 n 个等距离、相互平行的轴，每个维度一个轴，以维度上的刻度表示在该属性上对应值，以颜色区分类别。每个样本在各个维度上对应一个值，相连而得的一个折线表示该样本，如图 2.14 所示。用平行图表示同一个城市同一天影响空气质量的属性和最后空气质量用一条线连在一起了，比如，北京第九天 空气质量指数 AQ1 为 120，PM2.5 为 220，PM1.0 为 2.8，Co 为 4.8，No_2 为 105，SO_2 为 50，最后等级是中度污染，这些都用一条线连在一起，依次类推得到此平行图。这种表示局限不能有效地显示具有很多记录的数据集。

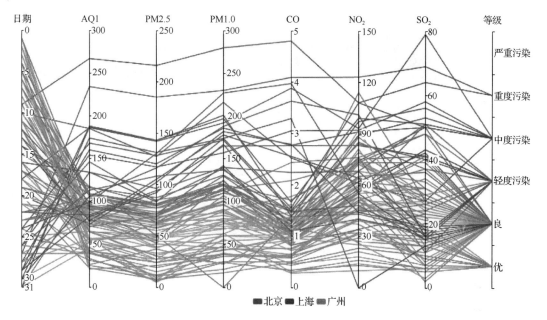

图 2.14 平行坐标可视化

2.4.3 基于图符的可视化

基于图符的可视化是用少量图符表示多维数据值，两种常用的图符方法是切尔诺夫脸和人物线条画。切尔诺夫脸是统计学家赫尔曼·切尔诺夫于 1973 年引进的。把多达 18 个变量（维）的多维数据以卡通人脸显示（见图 2.15）。切尔诺夫脸可揭示数据中的变化趋势，脸的眼、耳、口、鼻等要素用不同形状、大小、位置和方向来表示维的值。例如，把维映射到面部特征：眼的大小、两眼的距离、鼻子长度、鼻子宽度、嘴巴曲度、嘴巴宽度、嘴巴阔度、眼球大小、眉毛倾斜、眼睛偏离程度和头部偏离程度。

每张脸表示一个 n 维数据点 $n \leqslant 18$ 切尔诺夫脸体现了人的思维活动。通过识别面部微小差异理解多种面部特征含义。观察大型数据表令人乏味，但通过浓缩数据，如切尔诺夫脸使得数据容易被理解，这有助于将数据的规律和不规律性可视化。图符形可视化有两个缺点：表示多重关系方面还有局限性，不能显示具体的数据值。此外，面部特征因不同人的感知有差异性，这意味着两张脸（代表两个多维数据点）的相似性可能与所选面部特征维的次序有差异。因此，需要小心选择映射，其中眼睛大小和眉毛的歪斜非常重要。

扩展到非对称的切尔诺夫脸。脸具有垂直对称性，即脸的左右两边是相同的。对称的切尔诺夫脸会浪费一半空间，而非对称的切尔诺夫脸可以使面部特征加倍，这样允许可视化多达 36 维。

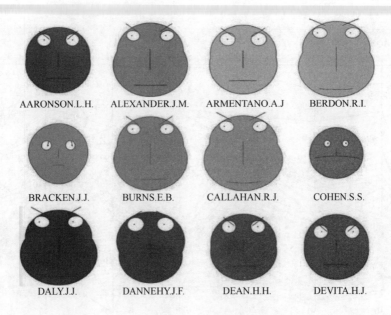

图 2.15　切尔诺夫脸

可视化技术把多维数据映射到 5-段人物线条画中，其中每个画都有一个四肢和一个躯体。两个维被映射到显示轴（X 轴和 Y 轴），而其余的被映射到四肢角度和长度。图 2.16 显示的是人口普查数据，其中 Age 和 Income 被映射到显示轴，而其他维（Gender、Education 等）被映射到人物线条画。如果数据项关于两个显示维相对稠密，则结果可视化显示纹理模式，反应数据趋势。

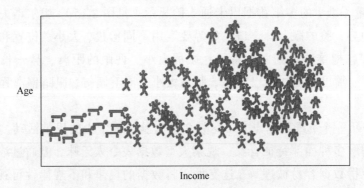

图 2.16　人物线条表示的人口统计数据

2.4.4　层次可视化

迄今为止所讨论的可视化技术都关注同时可视化多个维。然而，对于大型高维数据集，很难同时对所有维可视化。于是提出层次可视化方法，就是把所有维划分成子集（即子空间），这些子空间按层次可视化，这就叫 x 轴 y 轴子集层次可视化。再如"世界中的世界"又称 n-Vision，是一种有代表性的可视化方法。假设想对六维数据集 F，$X_1, \cdots, X_5$ 可视化。若想观察 F 维如何随其他维变化，先把 X_3, X_4, X_5 维固定为某选定的值，比如说 c_3，c_4，c_5。然后，可以用一个三维图（称为世界）对 F，X_1，X_2可视化，如图 2.17 所示，内世界的原点位于外世界的点（c_3，c_4，c_5）处；外世界是另一个三维图，使用维 X_3，X_4，X_5。用户可以在外世界中交互改变内世界原点的位置，然后观察内世界的变化结果。此外，用户可以改变内世界和外世界使用的维。逐渐增加给定维数，用更多的世界层，所以该方法称为"世界中的世界"。

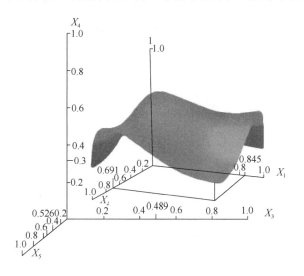

图 2.17　"世界中世界"又称 n–Vision

层次可视化方法的另一个例子是树图。树图可以把层次数据显示成嵌套矩形的集合。图 2.18 显示了对 Google 新闻报导可视化的树图。所有新闻报道分成 7 个类别，在每个类别对应每个矩形最顶层，对应固定颜色显示的矩形，下面进一划分成子类别新闻报道。

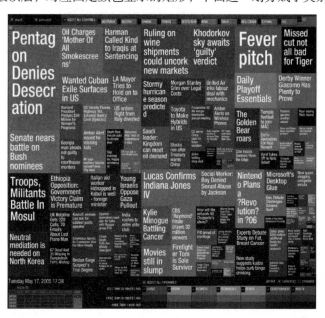

图 2.18　使用树图对 Google 新闻报导标题可视化

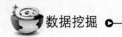

2.4.5　可视化复杂对象和关系

　　早期的可视化主要用于数值数据。近年来有许多新的可视化技术越来越多的用于非数值数据，如文本和社会网络已经成为可视化分析类数据。图 2.19 是对《还珠格格》的流行标签可视化。图中显示了《还珠格格》中被检索的词语，字体越大代表检索量越大，说明这个词语越流行，并用词语的摆放形式组成了一个小燕子的形象，极大地突显视觉化这一元素。

图 2.19　《还珠格格》的流行标签可视化

　　由图 2.19 可知，通常标签云有两种用法。对于单个术语的标签云，可以用标签的大小表示该标签被不同用户用于该术语的次数；对多个术语的标签统计量可视化，可以用标签的大小来表示该术语应用次数，即标签的人气。

　　除了复杂数据外，数据项之间的复杂关系也可可视化。图 2.20 所示是对 5 个网站 ABCDE 的访问量与总浏览量和时长的关系进行可视化，并用线性回归模拟访问量与总浏览量和时长的关系。例如，数据在 C 网站的浏览量为 69，对应该数据在总浏览量和时长为 86。

　　图 2.21 是可视化疾病之间的相关性。图中的结点是疾病，每个结点的大小与对应疾病的流行程度成正比。如果对应的疾病具有强相关性，两个结点用一条边连接。边的宽度与两个对应的疾病的相关强度成正比，例如心血管（Ca）疾病与心脏病（He）之间存在相关性，所以用线连接起来，而心脏病（He）与高血压（Hb）之间存在相关性，所以用线连接起来。

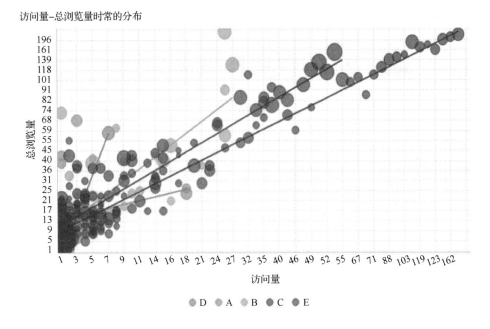

图 2.20　对网站访问量与时长的关系进行可视化

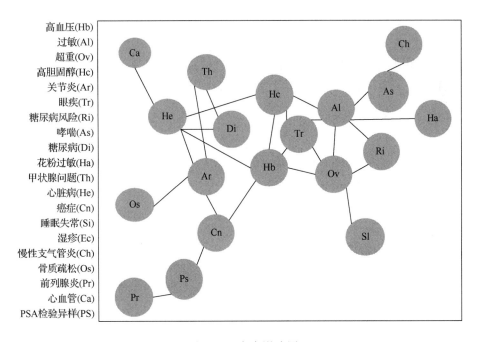

图 2.21　疾病影响图

　　总之，可视化是探索数据内在特征的有效工具，上面介绍了一些常用方法和基本概念，目前有许多其他现成的工具和方法。此外，可视化可以用于数据挖掘的若干方面，可视化可以用于描述挖掘过程，从不同挖掘方法得到可视化模式、用户与数据交互。可视化数据挖掘是当今一个研究的热点。

2.5 数据相似性和相异性度量

在聚类、离群点分析和最近邻分类等数据挖掘应用中，需要评估对象之间的相似或不相似程度。例如，商店希望搜索顾客对象簇，找出有类似特征的（收入、居住区域和年龄等）顾客组作为簇的数据对象集合，使得同一个簇中对象相似，与其他簇中的对象相异。离群点分析是基于聚类方法，使离群对象的相似性用于最近邻分类，对给定的对象（如患者）中的相似性赋予一个类标号（如诊断结论）。本节讨论相似性和相异性度量。相似性和相异性都称邻近性，如果两个对象 i 和 j 不相似，则它们的相似性是 0。相似性值越高，对象之间的相似性越大。相异性度量正好相反，如果对象相同（因而远非不相似），则它返回值 0。相异性的数值越高，两个对象就越相异。

2.5.1 数据矩阵与相异性矩阵

假设有 n 个对象（如人、商品或课程），被 p 个属性（又称维或特征，如年龄、身高、体重或性别）描述，对象是 $x_1 = (x_{11}, x_{12}, ..., x_{1p})$，$x_2 = (x_{21}, x_{22}, ..., x_{2p})$，等等，其中 x_{ij} 是对象 x_i 的第 j 个属性的值。后面简称对象 x_i 为对象 i，这些对象可以是关系数据库的元组，也称数据样本或特征向量。

基于内存的聚类和最近邻算法通常用到下面两种数据结构：

（1）数据矩阵或称对象-属性结构。这种数据结构用关系表的形式或 $n \times p$（n 个对象 $\times$ p 个属性）矩阵存放 n 个数据对象式（2.7）：

$$\begin{pmatrix} x_{11} & \cdots & x_{1f} & \cdots & x_{1p} \\ \vdots & & \vdots & & \vdots \\ x_{i1} & \cdots & x_{if} & \cdots & x_{ip} \\ \vdots & & \vdots & & \vdots \\ x_{n1} & \cdots & x_{nf} & \cdots & x_{np} \end{pmatrix} \tag{2.7}$$

（2）相异性矩阵或称对象-对象结构。存放 n 个对象两两之间的邻近度，通常用一个 $n \times n$ 矩阵表示式（2.8）：

$$\begin{pmatrix} 0 & & & & \\ d(2,1) & 0 & & & \\ d(3,1) & d(3,2) & 0 & & \\ \vdots & \vdots & \vdots & & \\ d(n,1) & d(n,2) & \cdots & \cdots & 0 \end{pmatrix} \tag{2.8}$$

其中，$d(i,j)$ 是对象 i 和对象 j 之间的相异性或"差别"的度量。一般 $d(i,j)$ 是一个非负的数值，对象 i 和 j 彼此高度相似或"接近"时，其值接近于 0；高度越不同，其值越大。$d(i,j)=0$ 表示自己与自己为 0 差别。下面讨论 $d(i,j)=d(j,i)$ 对称矩阵的相异性度量。

相似性度量可以表示成相异性度量的函数，对于标称数据有式（2.9）：

$$\mathrm{sim}(i,j)=1-d(i,j) \tag{2.9}$$

式中，$\mathrm{sim}(i,j)$ 是对象 i 和 j 之间的相似性，以下也对相似性度量进行讨论。

数据矩阵由行（代表对象）和列（代表属性）组成，所以数据矩阵经常被称为二模矩阵。相异性矩阵只包含一类实体，因此被称为单模矩阵。许多聚类和最近邻算法都在相异性矩阵上计算，在算法之前要把数据矩阵转化为相异性矩阵。

2.5.2 标称属性的邻近性度量

标称属性可以取两个或多个状态，例如，map_color 是一个标称属性，有 5 种状态：红、黄、绿、粉红和蓝。

设标称属性的状态数目是 M，这些状态可以用字母、符号或者一组整数 $(1,2,\cdots,M)$ 表示。计算标称属性相异性时，两个对象 i 和 j 之间的相异性可根据不匹配率来计算式（2.10）：

$$d(i,j)=\frac{p-m}{p} \tag{2.10}$$

式中，m 是匹配的数目，p 是刻画对象的属性总数。通过赋予 m 较大的权重，或者赋给较多属性中的匹配更大权重来增加 m 的影响。

例 2.17 标称属性之间的相异性。假设表 2.2 中样本数据只有对象标识符和属性 test-1 的标称（在后面会用到 test-2 和 test-3），计算相异性矩阵为式：

$$\begin{pmatrix} 0 & & & \\ d(2,1) & 0 & & \\ d(3,1) & d(3,2) & 0 & \\ d(4,1) & d(4,2) & d(4,3) & 0 \end{pmatrix}$$

由于只有一个标称属性 test-1，在式（2.10）中，令 $p=1$，使得当对象 i 和 j 匹配时 $d(i,j)=0$；当对象不同时 $d(i,j)=1$。于是得到如下矩阵：

$$\begin{pmatrix} 0 & & & \\ 1 & 0 & & \\ 1 & 1 & 0 & \\ 0 & 1 & 1 & 0 \end{pmatrix}$$

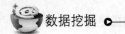

这里可看到除了对象 1 和 4 的 $d(4,1)=0$ 之外，所有对象都互不相似。

表 2.2　包含混合类型属性的样本数据表

对象 标识符	test-1 标称	test-2 序数	test-3 数值
1	A	优秀	45
2	B	一般	22
3	C	好	64
4	A	优秀	28

或者，相似性可以用式（2.11）计算：

$$\text{sim}(i,j)=1-d(i,j)=\frac{m}{p} \tag{2.11}$$

标称属性描述对象之间的邻近性也可以用编码方法计算。标称属性用非对称的二元属性编码：对 M 种状态的每个状态创建一个新的二元属性。对于一个给定状态值的对象，对应状态值的二元属性设置为 1，而其余二元属性都设置为 0。例如，为了对标称属性 map_color 进行编码，5 种颜色分别创建一个二元变量。如果一个对象是黄色（yellow），则 yellow 属性设置为 1，而其余的 4 个属性都设置为 0。对于这种形式的编码，用下面讨论的方法来计算邻近度。

2.5.3　二元属性的邻近性度量

用对称和非对称二元属性描述的对象之间相异性和相似性度量。前面讲过，二元属性只有两种状态：0 或 1，其中 0 表示该属性不出现，1 表示它出现。例如，给出一个患者的属性 smoker，1 表示患者抽烟，而 0 表示患者不抽烟。如何计算两个二元属性之间的相异性？一种方法由给定的二元数据计算相异性矩阵，如果所有的二元都被看作具有相同的权重，则得到一个两行两列的关联表 2.3，其中 q 是对象 i 和 j 都取 1 的属性数，r 是在对象 i 中取 1、在对象 j 中取 0 的属性数，s 是在对象 i 中取 0、在对象 j 中取 1 的属性数，而 t 是对象 i 和 j 都取 0 的属性数。属性的总数是 p，其中 $p=q+r+s+t$。

表 2.3　二元属性的关联表

	对象 j			
	1	0	0	sum
对象 i　　1	q	r		$q+r$
0	s	t		$s+t$
sum	$q+s$	$r+t$		p

对于对称的二元属性，每个状态都同样重要，对称二元属性的相异性就是对称的二元相异性。如果对象 i 和 j 都用对称的二元属性描述，则 i 和 j 的相异性为式（2.12）：

$$d(i,j) = \frac{r+s}{q+r+s+t} \qquad (2.12)$$

对非对称的二元属性，两个状态不再同等重要，如病理化验的阳性 1 和阴性 0。给定两个非对称的二元属性，两个都取值 1（正匹配）比两个都取值 0（负匹配）更有意义。因此，这样的二元属性经常被认为是"一元"（只有一种状态）。基于这种属性的相异性被称为非对称的二元相异性，其中负匹配数 t 被认为是不重要，计算时可忽略，如式（2.13）所示：

$$d(i,j) = \frac{r+s}{q+r+s} \qquad (2.13)$$

也可以基于相似性度量两个二元属性的差别。例如，对象 i 和 j 之间的非对称二元相似性计算式（2.14）：

$$sim(i,j) = \frac{r+s}{q+r+s} = 1 - d(i,j) \qquad (2.14)$$

式（2.14）的系数 $sim(i,j)$ 被称为 Jaccard 系数。

当对称和非对称二元属性在同一个数据集中时，可以用 2.4.6 节中的混合类型的属性计算。

例 2.18 二元属性之间的相异性例子。一个患者记录表（见表 2.4）包含属性 name（姓名）、gender（性别）、fever（发烧）、cough（咳嗽）、test-1、test-2、test-3 和 test-4，其中 name 是对象标识符，gender 是对称属性，其余的属性都是非对称二元的。

表 2.4 用二元属性描述的患者记录的关系表

name	gender	fever	cough	test-1	test-2	test-3	test-4
Jack	M	Y	N	P	N	N	N
Jim	M	Y	Y	N	N	N	N
Mary	F	Y	N	P	N	P	N
…	…	…	…	…	…	…	…

对于非对称属性，值 Y（yes）和 P（positive）被设置为 1，值 N（no 或 negative）被设置为 0。假设对象（患者）之间的距离只基于非对称属性来计算，根据式（2.13），3 个患者 Jack、Mary 和 Jim 两两之间的距离如下：

$$d(\text{Jack, Jam}) = \frac{1+1}{1+1+1} = 0.67$$

$$d(\text{Jack, Mary}) = \frac{0+1}{2+0+1} = 0.33$$

$$d(\text{Jim, Mary}) = \frac{1+2}{1+1+2} = 0.75$$

这些度量显示 Jim 和 Mary 不大可能患类似的疾病，因为他们具有最高的相异性。在这 3 个患者中，Jack 和 Mary 最可能患类似的疾病。

2.5.4 数值属性的相异性：闵可夫斯基距离

本节介绍数值属性对象相异性的常用几种计算距离度量的算法：欧几里得距离、曼哈顿距离和闵可夫斯基距离。在计算距离之前数据应该规范化，使属性数据在 [−1，1] 或 [0.0,1.0] 区间。例如 height（高度）属性，可能用米或英寸测量。因为较小的单位表示一个属性将导致该属性具有较大的值域范围，因而要给这种属性更大的影响或"权重"。而规范化后所有属性就成相同权重。数据规范化方法在第 3 章数据预处理中详细讨论。

欧几里得距离（直线或"乌鸦飞行"距离）：令 $i = (x_{i1}, x_{i2}, \cdots, x_{ip})$ 和 $j = (x_{j1}, x_{j2}, \cdots, x_{jp})$ 是两个被 p 个数值属性描述的对象。对象 i 和 j 之间的欧几里得距离定义为式（2.15）：

$$d(i, j) = \sqrt{(x_{i1} - x_{j1})^2 + (x_{i2} - x_{j2})^2 + \dots + (x_{ip} - x_{jp})^2} \qquad (2.15)$$

另一个度量方法是曼哈顿（或城市块）距离，这个名字的由来是计算城市中两点之间的街区距离（如向南 2 个街区，横过 3 个街区，共计 5 个街区），定义为式（2.16）：

$$d(i, j) = |x_{i1} - x_{j1}| + |x_{i2} - x_{j2}| + \dots + |x_{ip} - x_{jp}| \qquad (2.16)$$

欧几里得距离和曼哈顿距离都满足如下数学性质：

（1）非负性。$d(i, j) \geqslant 0$：距离是一个非负的数值。同一性：$d(i, j) = 0$：对象到自身的距离为 0。

（2）三角不等式。$d(i, j) \leqslant d(i, k) + d(k, j)$：从对象 i 到对象 j 的直线距离不会大于途经任何其他对象 k 的距离。数学上把满足这个条件的测度称为度量（metric）。

例 2.19 欧几里得距离和曼哈顿距离。令 $x_1 = (1,2)$ 和 $x_2 = (3,5)$ 表示图 2.22 所示的两个对象。两点间的欧几里得距离是 $\sqrt{2^2 + 3^2} = 3.61$，两者的曼哈顿距离是 $2 + 3 = 5$。

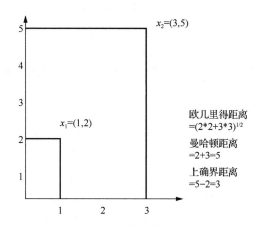

图 2.22 两个对象间的欧几里得距离和曼哈顿距离

闵可夫斯基距离是欧几里得距离和曼哈顿距离的推广，定义如式（2.17）：

$$d(i,f) = \sqrt[h]{\left|x_{i1} - x_{j1}\right|^h + \left|x_{i2} - x_{j2}\right|^h + ... + \left|x_{ip} - x_{jp}\right|^h} \tag{2.17}$$

式中，h 是实数，$h \geqslant 1$。这种距离又称 Lp 范数（norm），其中 p 就是 h。保留 p 作为属性数，当 $p=1$ 时，它表示曼哈顿距离（即，L1 范数）；当 $p=2$ 时，表示欧几里得距离（即，L2 范数）。

上确界距离（又称 Lmax，L∞ 范数和切比雪夫（Chebyshev）距离）是 $h \to \infty$ 时闵可夫斯基距离的推广。为了计算它，找出属性 f，它产生两个对象的最大值差。这个差是上确界距离，定义为式（2.18）：

$$d(i,f) = \lim_{h \to \infty}\left(\sum_{f=1}^{p}\left|x_{if} - x_{jf}\right|^A\right)^{1/h} = \max_{f}^{p}\left|x_{if} - x_{jf}\right| \tag{2.18}$$

例 2.20 上确界距离。数据对象 $x_1 = (1,2)$ 和 $x_2 = (3,5)$，如图 2.18 所示。第二个属性是给出这两个对象的最大值差为 $5-2=3$，这就是两个对象间的上确界距离。

如果对每个变量根据其重要性赋予一个权重，则加权的欧几里得距离计算为式（2.19）：

$$d(i,f) = \sqrt{w_1\left|x_{i1} - x_{j1}\right|^2 + w_2\left|x_{i2} - x_{j2}\right|^2 + ... + w_p\left|x_{ip} - x_{jp}\right|^2} \tag{2.19}$$

2.5.5 序数属性的邻近性度量

序数属性的值之间具有有意义的序或排位，而相继值之间的量值未知。例如 size

的属性值序列 small，medium，large，序数属性也可以通过把数值属性的值域划分成有限个类别，对数值属性离散化。这些类别如下排序：数值属性的值域可以映射到具有 M_f 个状态的序数属性 f。例如区间标度属性 temperature（摄氏温度）可以表示成 $-30\sim-10$，$-10\sim10$，$10\sim30$，分别代表 cold temperature，moderate temperature 和 warm temperature。令序数属性可能的状态数为 M，这些有序的状态定义了一个排列 $1,\cdots,M_f$。如何处理序数属性来计算对象之间的相异性？序数属性的算法与数值属性的算法非常类似。假设 f 是描述 n 个对象的一组序数属性，关于 f 的相异性计算如下步骤：第 i 个对象的 f 值为 x_{if}，属性 f 有 M_f 个有序的状态，表示 $1,\cdots,M_f$ 排序，对应排位 $r_{if}\in\{1,\cdots,M_f\}$ 取代 x_{if}。由于每个序数属性都可以有不同的状态数，所以通常需规范化处理，将每个属性的值域映射到 $[0.0,1.0]$ 上，以便每个属性有相同的权重。通过 z_{if} 代替第 i 个对象的 r_{if} 来实现数据规格化如式（2.20）：

$$z_{if}=\frac{r_{if}-1}{M_f-1}\tag{2.20}$$

例 2.21　序数型属性间的相异性。对表 2.2 中的样本数据，对象标识符和连续的序数属性 test-2 有 3 个状态，分别是 fair、good 和 excellent，也就是 $M_f=3$。第一步，如果把 test-2 的每个值替换为它的排位，则 4 个对象将分别被赋值为 3、1、2、3。第二步，通过将排位 1 映射为 0.0，排位 2 映射为 0.5，排位 3 映射为 1.0 来实现对排位的规格化。第三步，用欧几里得距离式（2.15）得到如下的相异性矩阵：

因此，对象 1 与对象 2 最不相似，对象 2 与对象 4 也不相似（即，$d(2,1)=1.0$，$d(4,2)=1.0$）。这符合实际事实，因为对象 1 和对象 4 都是 excellent。对象 2 是 fair，在 test-2 的值域的另一端。序数属性的相似性值可以由相异性得到：$sim(i,j)=1-d(i,j)$。

2.5.6　混合类型属性的相异性

2.4.2 到 2.4.5 节讨论了用相同类型的属性计算对象之间的相异性，这些类型可能是标称、对称二元、非对称二元数值的序数。但在许多实际的数据库中，对象是被混合类型的属性描述，一个数据库可能包含上面所有的属性类型。如何计算混合属性类型对象之间的相异性？一种方法是将每种类型的属性分成一组，对每种类型分别进行数据挖掘分析（如聚类分析）。如果这些分析得到相同的结果，则这种方法是可行的。但在实际应用中，对每种属性类型分别分析很难得到相同的结果。一种更好的方法只需做一次分析，就是将不同属性组合在单个相异性矩阵中，把属性转换到共同的区间 [0.0,1.0] 上。假设数据集包含 p 个混合类型的属性，对象 i 和 j 之间的相异性 $d(i,j)$ 定义为式（2.21）：

$$d(i,f) = \frac{\sum\limits_{f=1}^{p} \delta_{if}^{(f)} d_{if}^{(f)}}{\sum\limits_{f=1}^{p} \delta_{if}^{(f)}} \qquad (2.21)$$

式中，指示符 $\delta_{if}^{(f)} = 0$，如果 x_{if} 或 x_{jf} 缺失（即对象 i 或对象 j 没有属性 f 的度量值），或者 $x_{if} = x_{jf} = 0$，并且 f 是非对称的二元属性；否则，指示符 $\delta_{if}^{(f)} = 1$。属性 f 对 i 和 j 之间相异性 $d_{if}^{(f)}$ 计算：

（1）f 是数值：$d_{if}^{(f)} = \dfrac{|x_{if} - x_{jf}|}{\max_h x_{hf} - \min_h x_{hf}}$，其中 h 是所有属性 f 的所有非缺失对象。

（2）f 是标称或二元的：如果 $x_{if} = x_{jf}$，则 $d_{if}^{(f)} = 0$；否则 $d_{if}^{(f)} = 1$。

（3）f 是序数的：计算排位 r_{if} 和 $z_{if} = \dfrac{r_{if} - 1}{M_f - 1}$，$z_{if}$ 作为数值属性。

上面的步骤与单一属性类型的处理相同，不同的是对于数值属性的规范化处理使变量值映射到了区间 [0.0,1.0]。对象的属性具有不同类型时，也能计算对象之间的相异性。

例 2.22 混合类型属性间的相异性。计算表 2.2 中对象的相异性矩阵。考虑所有属性具有不同类型，在例 2.19～2.22 中，对每种属性计算了相异性矩阵。处理标称属性 test-1 和序数属性 test-2 与处理混合类型属性的过程相同。根据式（2.8），利用 test-1 和 test-2 的相异性矩阵，首先需要对第 3 个数值属性 test-3 计算相异性矩阵：首先计算 $d_{if}^{(3)}$，再根据数值属性的规则，令 maxhxh=64，minhxh=22，两者之差用来规范化相异性矩阵，得到 test-3 的相异性矩阵为：

$$\begin{pmatrix} 0 & & & \\ 0.55 & 0 & & \\ 0.45 & 1.00 & 0 & \\ 0.40 & 0.14 & 0.86 & 0 \end{pmatrix}$$

对于每个属性 f，指示符 $\delta_{if}^{(f)} = 1$。例如，$d(3,1) = \dfrac{1(1) + 1(0.5) + 1(0.45)}{3} = 0.65$，由 3 个混合类型属性所描述的数据得到相异性矩阵：

$$\begin{pmatrix} 0 & & & \\ 0.85 & 0 & & \\ 0.65 & 0.83 & 0 & \\ 0.13 & 0.71 & 0.79 & 0 \end{pmatrix}$$

由表 2.2 中对象 1 和对象 4 对应属性 test-1 和 test-2 上的值，可直观看出两者最相似。通过相异性矩阵也验证，$d(4,1)$ 是两个不同对象的最小值。同理，异性矩阵表明对象 2 和对象 4 最不相似。

2.5.7　余弦相似性

文档有时会含有数以千计的属性，每个记录在文档中对应一个特定词（如关键词）或短语的频度。这样，每个文档都被一个词频向量表示。在表 2.5 中，文档 1 包含词 team 的词 5 个，而 hockey 有 3 次，计数值 0 表示 coach 在整个文档中未出现，这种数据是高度非对称。

表 2.5　文档向量或词频率向量

文档	team	coach	hockey	baseball	soccer	penalty	score	win	loss	season
文档 1	5	0	3	0	2	0	0	2	0	0
文档 2	3	0	2	0	1	1	0	1	0	1
文档 3	0	7	0	2	1	0	0	3	0	0
文档 4	0	1	0	0	1	2	2	0	3	0

频向量通常很长，并且是稀疏的（有许多 0 值）。这种结构在信息检索、文本文档聚类、生物学分类和基因特征映射经常会用到。对于这类稀疏数值数据，传统的距离度量效果并不好。例如，两个词频向量可能有很多 0 值，意味着对应的文档没有对应的词，表示他们不相似。所以应该关注两个文档共有词和出现的频率，不对 0 的数值数据度量。

余弦相似性是一种度量，令 x 和 y 是两个待比较的向量，用余弦度量的相似性函数为式（2.22）：

$$\text{sim}(\boldsymbol{x}, \boldsymbol{y}) = \frac{\boldsymbol{x}\boldsymbol{y}}{\|\boldsymbol{x}\| \|\boldsymbol{y}\|} \tag{2.22}$$

式中，$\|\boldsymbol{x}\|$ 是向量 $\boldsymbol{x} = (x_1, x_2, \cdots, x_p)$ 的欧几里得范数，定义为 $\sqrt{x_1^2 + x_2^2 + \ldots + x_p^2}$。类似地，$\|\boldsymbol{y}\|$ 是向量 $\boldsymbol{y}$ 的欧几里得范数。这个度量就是计算向量 x 和 y 之间的夹角余弦。余弦值 0 意味两个向量呈 90°（正交），没有匹配。余弦值越接近于 1，夹角越小，向量之间的相似越大。

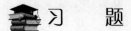

习　题

1. 属性类型分类有哪些？
2. 什么是数据对象？

3. 数据基本统计的图形描述有哪些？

4. 数据的基本统计描述包括哪些步骤？

5. 数据可视化的具体任务是什么？

6. 两个词频向量的余弦相似性：假设 x 和 y 是表 2.5 的前两个词频向量，即 $x=$（5，0，3，0，2，0，0，2，0，0）和 $y=$（3，0，2，0，1，1，0，1，0，1），x 和 y 的相似性如何？

7. 讨论：数据集成需考虑什么问题？

8. 元数据的定义是什么？元数据包括哪些内容？

9. 分别总结数据相似性和相异性度量的方法。

10. 为了计算上确界距离，如何找出属性 f？

11. 举例可视化现成的工具和方法，并说明如何运用。

数据的采集和预处理 <<<

第 3 章

3.1 概　　述

3.1.1 大数据采集的特点

数据采集是大数据生命周期中的第一个环节。从数据采集的来源来看，根据 MapReduce 产生数据的应用系统分类，大数据的采集主要有 4 种来源：管理信息系统、Web 信息系统、物理信息系统、科学实验系统；从传统数据的存储属性来看，数据的最基本形式是数据库数据、数据仓库数据、事务数据；从数据的宏观表现形式来看，可以是带时间戳的数据流、有序/序列数据、图或网络数据、空间数据、文本数据、多媒体数据和万维网；从数据的微观表现形式来看，对于不同的数据集，可能存在不同的具体结构和模式，如文件、XML 树、关系表、二进制数据块等。相对于传统数据而言，大数据的数据具有海量、多样、异构等特点，如表 3.1 所示。

表 3.1　数据采集特点对比

传统数据采集	大数据的数据采集
来源单一，数据量受限于数据库容量	来源广泛，数据量特别巨大
结构单一	数据类型丰富，包括结构化数据、半结构化数据和非结构化数据
关系数据库和并行数据仓库	分布式数据库

大数据数据采集的特点导致了与传统数据采集不同的系统设计路线。传统数据采集技术追求高度一致性和容错性，根据 CAP 理论，大数据从采集到处理则需要权衡一致性、可用性和分区容错性。

CAP 理论是由 Eric Brewer 教授于 2000 年提出的，在设计和部署分布式应用时，存在 3 个核心的系统需求，这 3 个需求之间存在一定的特殊关系。3 个需求分别是 C（Consistency，一致性）、A（Availability，可用性）、P（Partition Tolerance，分区容错性）。CAP 理论的核心是：一个分布式系统不可能同时很好地满足一致性、可用性和分区容错性这 3 个需求，最多只能同时较好地满足两个。

3.1.2 大数据采集的方法

大规模互联网分布式系统的日志分析是大数据的重要数据来源。很多互联网企业都有自己的海量数据采集工具，多用于系统日志手机，如 Hadoop 的 Chukwa、Cloudera 的 Flume、Facebook 的 Scribe、优秀的开源日志系统 Logstash，还有第一家纳斯达克上市的大数据公司 Splunk 系统，如图 3.1 所示。

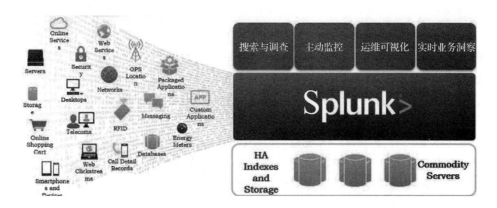

图 3.1　开源日志系统框架

从表 3.2 中可以领略商用级大数据日志采集系统的特色。

表 3.2　Splunk 系统的功能表

功　能	说　明
索引量	每天的索引量
全局索引	索引整个 IT 领域的任何数据——任何来源、格式或位置
搜索	搜索实时流式处理数据和历史数据
报告	制定有关实时流式处理 IT 数据或历史 IT 数据的专项报告
知识图	新增有关事件、字段、交易、模式和统计资料的知识至用户的 IT 数据中
仪表板	创建集成多个图表、报告和表格的实时仪表板
监视和警报	预设针对不断监视和警报简单或复杂事件的搜索
PDF 报表交付	预设任何 Splunk 仪表板、视图、搜索或报告的 PDF 报表交付
分布式搜索	搜索整个分布式 Splunk 部署，支持负载平衡和故障转移
数据接收	接收来自其他 Splunk 实例的数据
数据转发	将可靠数据实时转发至其他 Splunk 实例
访问控制	提供用户验证和基于角色的访问控制
单一登录	集成到企业单一登录解决方案

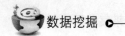

功　能	说　明
社区应用程序	运行社区网站 Splunkbase 提供的应用程序和插件
高级应用程序	支持由 Splunk 和合作伙伴分配的高级应用程序
开发人员 API	记录的 API 可将 Splunk 集成到任何业务或开发工作流程
标准支持	访问完整的产品文档、论坛和 IRC，以便对基本技术问题做出回答
企业级支持服务	通过电话直接访问能够在线管理案例（也提供定制的支持水平）的客户支持团队

网络数据采集是指通过网络爬虫或者网站公开 API 等方式从网站上获取数据信息。该方法可以将非结构化数据从网页中抽取出来，将其存储为统一的本地数据文件，并以结构化的方式进行存储。它支持图片、音频、视频等文件或者附件的采集，附件可以自动与正文进行关联。

网络爬虫是一种按照一定的规则，自动抓取万维网信息的程序或者脚本，已被广泛应用于互联网领域。搜索引擎使用网络爬虫抓取 Web 网页、文档甚至图片、音频、视频等资源，通过相应的索引技术组织这些信息，提供给搜索用户进行查询。谷歌公司正是因为开发大规模分布式网络爬虫和搜索引擎的需求，发展出了一系列的大数据概念和技术。

除了网络中应用层的内容采集以外，对于网络底层内容的采集还可以使用 DPI 或者 DFI 技术。DPI（Deep Packet Inspection，深度包检测）技术是基于网络底层协议分析的流量检测和控制技术，适用于精细和准确识别、精细管理的场合，利用各种协议分析技术和模式匹配、模式识别技术对网络数据流进行拆包解包分析。DFI（Deep/Dynamic Flow Inspection，深度/动态流检测）技术是基于网络流量特征分析的手段，本质上基于流量行为的识别，即不同的应用类型体现在会话连接或数据流上的状态不同，适用于大流量、需要高效识别、粗放管理的场合。

对于企业生产经营或者学科研究数据等保密性要求较高的数据，可以通过与企业或者研究机构合作，使用特定系统接口等相关方式采集数据。比如在电信运营商行业可以使用特定接口获取基站小区活跃手机和沉睡手机的统计、大量人群手机移动过程中的切换数据，交通行业可以获取摄像头大量拍摄的车牌信息、车型信息，社会治安领域中获取的大量视频流以及从中提取的人像信息、姿态信息，甚至车联网、物联网中产生的大量数据，结合起来可以做非常有深度、有意义的大数据分析，具有极其广阔深远的经济效益和社会效益。

3.2　数据预处理的目的和任务

为什么要进行数据预处理？

数据质量涉及很多因素，包括准确性、完整性、一致性、时效性、可信性和可解释性。不正确、不完整和不一致的数据是现实世界大型数据库和数据仓库的共同特点。

在真实数据中，人们拿到的数据可能包含大量的缺失值，可能包含大量的噪音，也可能因为人工录入错误导致有异常点存在，对挖掘出有效信息造成了一定的困扰，所以需要通过一些方法，尽量提高数据的质量。在数据挖掘算法实施之前进行数据预处理可以改进数据的质量，有助于提高挖掘过程的准确率和效率。对多种多样异构的海量数据集，需要做进一步集成处理或整合处理，将来自不同数据集的数据收集、整理、清洗、转换后，生成得到一个新的数据集，为后续查询和分析处理提供统一的数据视图。针对管理信息系统中异构数据库集成技术、Web 信息系统中的实体识别技术和 Deep Web 集成技术、传感器网络数据融合技术已经有很多研究工作，且取得了较大的进展，推出了多种数据清洗和质量控制工具，如美国 SAS 公司的 Data Flux、美国 IBM 公司的 Data Stage、美国 Informatica 公司的 Informatica Power Center。

数据预处理的主要任务包括：数据清洗、数据集成与数据变换。数据清理可以清除数据中的噪声，纠正不一致。数据集成将数据由多个数据源合并成一致的数据存储，如数据仓库。数据变换（如规范化）可以用来把数据压缩到较小的区间，如 0.0 到 1.0。这可以提高涉及距离度量的挖掘算法的精确率和效率。

3.3 数据清洗

在数据挖掘领域，经常会遇到的情况是挖掘出来的特征数据存在各种异常情况，如数据缺失、数据值异常等。对于这些情况，如果不加以处理，会直接影响到最终挖掘模型建立后的使用效果，甚至使最终模型失效，任务失败。所以对于数据挖掘工程师来说，掌握必要的数据清洗方法是很有必要的。

数据清洗是整个数据分析过程中不可缺少的一个环节，其结果质量直接关系到模型效果和最终结论。在实际操作中，数据清洗通常会占据分析过程的 50%～80% 的时间。数据清洗本质上是一个修改数据模型的过程。数据清洗一般都是按照固有的算法加知识库来对数据集进行清洗，实际上是假设数据集所代表的数据模型应该符合某种模式。这与"数据挖掘应该发掘出用户所不知道的信息"这一目标多少有些冲突。比如，一个数据集的性别比例是 F：1、M：2、U：20，按照最简单的男女比例相等将所有的 UNKNOWN 设定为 1：1 的 F：M，则产生了一个 F：M 比为 11：12 的数据集。但这个数据集本身所描述的模型男女比例就是 1：2，而不是接近 1：1。那么这个数据清洗就是失败的，正确的做法是应该将所有的 U 都抹掉，或者保持分布的前提下补足缺失。

数据清洗的目的是非常灵活且多变的，实际上随着对数据集本身的理解深入和最终分析的结果都可能导致清洗目的发生变化。换句话讲，数据清洗是一个很需要敏捷（agile）的过程。

大数据挖掘的过程中，数据清洗包含很多步骤和内容。每项大数据的具体任务不尽相同，并不要求都遵循相同的数据清洗步骤。图 3.2 所示是一个典型的清洗路径。

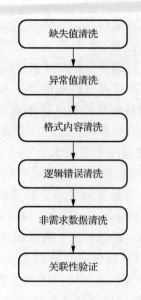

图 3.2　数据清洗路径示意

3.3.1　缺失值清洗

人们在进行数据挖掘的过程中，往往会出现表 3.3 所示某些样本的个别属性出现缺失的情况。

表 3.3　含缺失值的数据表

会员名	会员编号	收入水平	受教育程度	年龄级别	VIP 等级
李明	001	1	大专	2	低
刘艳	002	1	本科	2	高
张凯	003	2	高中	1	高
杨林	004	1		2	低
王小二	005	3	大专	2	低
钱晓兰	006	2	本科	2	
刘丽	007	2		2	高

出现数据缺失的情况时，应该进行如下处理：

1）删除缺失值

当样本数很多时，并且出现缺失值的样本在整个样本中的比例相对较小，这种情况下，可以使用最简单有效的方法处理缺失值的情况。就是将出现有缺失值的样本直接丢弃。这是一种很常用的策略。该方法的缺点在于改变了样本的数据分布，并且对于缺失值过多的情况下无法适用。

（1）均值填补法。根据缺失值的属性相关系数最大的那个属性把数据分成几个组，然后分别计算每个组的均值，把这些均值放入缺失的数值里面即可。该方法的缺点在于改变了数据的分布，还有就是有的优化问题会进行方差优化，这样会让对方差优化问题变得不准确。对于很多非数值化的样本取值，该方法也难以直接使用。

（2）热卡填补法。对于一个包含缺失值的变量，热卡填充法的做法是：在数据库中找到一个与它最相似的对象，然后用这个相似对象的值进行填充。不同的问题可能会选用不同的标准来对相似进行判定。最常见的是使用相关系数矩阵来确定哪个变量（如变量 Y）与缺失值所在变量（如变量 X）最相关。然后把所有变量按 Y 的取值大小进行排序。那么变量 X 的缺失值就可以用排在缺失值前的那个个案的数据来代替。该方法的缺点是代价较高。与均值填补法相比，利用热卡填充法插补数据后，其变量的标准差与插补前比较接近。但在回归方程中，使用热卡填补法容易使回归方程的误差增大，参数估计变得不稳定，而且这种方法使用不便，比较耗时。

（3）最近距离决定填补法。假设现在为时间 y，前一段时间为时间 x，然后根据 x 的值把 y 的值填补好。该方法的缺点在于依赖于 y 值分布是否敏感。一般在时间因素决定不显著时，比如一天的气温，一般不会突然降到很低，然后第二天就升得很高。但是对时间影响比较大的，往往起到相反效果。

（4）回归填补法。假设 y 属性存在部分缺失值，然后知道 x 属性。然后用回归方法对没有缺失的样本进行训练模型，再把这个值的 x 属性带进去，对这个 y 属性进行预测，然后填补到缺失处。当然，这里的 x 属性不一定是一个属性，也可以是一个属性组，这样能够减少单个属性与 y 属性之间的相关性影响。该方法的缺点是，由于是根据 x 属性预测 y 属性，这样会让属性之间的相关性变大，这可能会影响最终模型的训练。

（5）多重填补方法。该方法是基于贝叶斯理论的基础上，用 EM 算法实现对缺失值进行处理的算法。对每一个缺失值都给 M 个缺失值，这样数据集就会变成 M 个，然后用相同的方法对这 M 个样本集进行处理，得到 M 个处理结果，综合这 M 个结果，最终得到对目标变量的估计。同样该方法的缺点是计算代价较大，在数据量大、对数据清洗速度有要求的场合显得不够实用。

2）k-最近邻法

欧几里得距离（也称欧氏距离）是一个通常采用的距离定义，指在 m 维空间中两个点之间的真实距离，或者向量的自然长度（即该点到原点的距离）。马氏距离（Mahalanobis distance）是由印度统计学家马哈拉诺比斯（P. C. Mahalanobis）提出的，表示数据的协方差距离。它是一种有效的计算两个未知样本集的相似度的方法。马氏距离也可以定义为两个服从同一分布并且其协方差矩阵为 Σ 的随机变量之间的差异程度。如果协方差矩阵为单位矩阵，那么马氏距离就简化为欧氏距离，如果协方差矩阵为对角阵，则其也可称为正规化的欧氏距离。

在 k-最近邻法中，先根据欧氏距离和马氏距离函数来确定具有缺失值数据最近的 k 个元组，然后将这个 k 个值加权（权重一般是距离的比值）平均来估计缺失值。该方法的缺点在于过于相信相近的数据具有相同的性质。往往会忽略有价值的异常点，反而去加重普通点的权重。

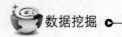

（1）有序最近邻法。该方法是在 k-最近邻法的基础上，根据属性的缺失率进行排序，从缺失率最小的进行填补。这样做的好处是将算法处理后的数据也加入到对新的缺失值的计算中，这样即使丢了很多数据，依然会有很好的效果。在这里需要注意的是，欧几里得距离不考虑各个变量之间的相关性，这样可能会使缺失值的估计不是最佳的情况，所以一般都是用马氏距离进行最近邻法的计算。

（2）基于贝叶斯的方法。分别将缺失的属性作为预测项，然后根据最简单的贝叶斯方法，对这个预测项进行预测。但是这个方法有一个缺点，就是不能把之前的预测出来的数据加入到样本集，会丢失一些数据，会影响到预测。所以往往需要对属性值进行重要性排序，然后把重要的先预测出来，再加入新的数据集，再用新的数据集预测第二个重要的属性，这样一直处理到最后为止。

以上方法各有优缺点，具体情况要根据实际数据的分布情况、倾斜程度、缺失值所占比例、数据清洗的效率目标等来选择方法。一般而言，建模法是比较常用的方法，它根据已有的值来预测缺失值，准确率更高。

3.3.2　异常值清洗

异常值通常也称为"离群点"，国外也有文献上称为"野值"。在讲传统数据挖掘和数据分析中，通常会通过可视化界面来画出离群点，这时异常值的分布是一目了然的。但是在大数据中，可视化全部采集数据往往比较困难。识别异常值，往往采取很多其他方法。

不同于缺失值那样一目了然，异常值是需要定义和识别的。

1）简单的统计分析

拿到数据后可以对数据进行一个简单的描述性统计分析，譬如最大最小值可以用来判断这个变量的取值是否超过了合理的范围，如客户的年龄为-20 岁或 200 岁，显然是不合常理的，为异常值。

2）3σ 原则

如果数据服从正态分布，在 3σ 原则下，异常值为一组测定值中与平均值的偏差超过 3 倍标准差的值。如果数据服从正态分布，距离平均值 3σ 之外的值出现的概率为 $P(|x-u|>3\sigma)\leqslant 0.003$，属于极个别的小概率事件。如果数据不服从正态分布，也可以用远离平均值的多少倍标准差来描述。

3）箱型图分析

箱型图提供了识别异常值的一个标准：如果一个值小于 $QL-1.5\times IQR$ 或大于 $QU+1.5\times IQR$ 的值，则被称为异常值。QL 为下四分位数，表示全部观察值中有四分之一的数据取值比它小；QU 为上四分位数，表示全部观察值中有四分之一的数据取值比它大；IQR 为四分位数间距，是上四分位数 QU 与下四分位数 QL 的差值，包含了全部观察值的一半。箱型图判断异常值的方法以四分位数和四分位距为基础，四分位数具有健壮性，25%的数据可以变得任意远并且不会干扰四分位数，所以异常值不能对这个标准施加影响。因此箱型图识别异常值比较客观，在识别异常值时有一定的优越性。

4）基于模型检测

首先建立一个数据模型，将异常定义为那些同模型不能完美拟合的对象；如果模型是簇的集合，则异常是不显著属于任何簇的对象；在使用回归模型时，异常是相对远离预测值的对象。

优缺点：

（1）有坚实的统计学理论基础，当存在充分的数据和所用的检验类型的知识时，这些检验可能非常有效。

（2）对于多元数据，可用的选择少一些，并且对于高维数据，这些检测可能性很差。

5）基于距离

通常可以在对象之间定义邻近性度量，异常对象是那些远离其他对象的对象。

优缺点：

（1）简单。

（2）基于邻近度的方法需要 $O(m^2)$ 时间，大数据集不适用。

（3）该方法对参数的选择也是敏感的。

（4）不能处理具有不同密度区域的数据集，因为它使用全局阈值，不能考虑这种密度的变化。

6）基于密度

当一个点的局部密度显著低于它的大部分近邻时才将其分类为离群点，适合非均匀分布的数据。

优缺点：

（1）给出了对象是离群点的定量度量，并且即使数据具有不同的区域也能够很好地处理。

（2）与基于距离的方法一样，这些方法必然具有 $O(m^2)$ 的时间复杂度。对于低维数据使用特定的数据结构可以达到 $O(m\log m)$。

（3）参数选择困难。虽然算法通过观察不同的 k 值，取得最大离群点的值来处理该问题，但是，仍然需要选择这些值的上下界。

7）基于聚类

首先定义基于聚类的离群点：一个对象如果不强属于任何簇，则判定该对象是一个基于聚类的离群点。离群点对初始聚类的影响：如果通过聚类检测离群点，则由于离群点影响聚类，则存在结构是否有效的问题。为了处理该问题，可以使用如下方法：对象聚类，删除离群点，对象再次聚类（这个不能保证产生最优结果）。

优缺点：

（1）基于线性和接近线性复杂度（ k 均值）的聚类技术来发现离群点可能是高度有效的。

（2）簇的定义通常是离群点的补，因此可能同时发现簇和离群点。

（3）产生的离群点集和它们的得分可能非常依赖所用的簇的个数和数据中离群点的存在性。

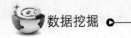

（4）聚类算法产生的簇的质量对该算法产生的离群点的质量影响非常大。

3.3.3 格式内容清洗

不同于传统数据挖掘的数据采集，大数据的数据来源往往种类繁杂、数量巨大，大量异构数据是常见的数据预处理对象。如果数据是由系统日志而来，那么通常在格式和内容方面，会与元数据的描述一致。如果数据是由人工收集或用户填写而来的，则有很大可能性在格式和内容上存在一些问题。简单来说，格式内容问题有以下几类：

1）时间、日期、数值、全半角等显示格式不一致

这种问题通常与输入端有关，在整合多来源数据时也有可能遇到，将其处理成一致的某种格式即可。

2）内容中有不该存在的字符

某些内容可能只包括一部分字符，比如身份证号是数字+字母。最典型的是头、尾、中间的空格，也可能出现姓名中存在数字符号、身份证号中出现汉字等问题。这种情况下，需要以半自动校验半人工方式来找出可能存在的问题，并去除不需要的字符。

3）内容与该字段应有内容不符

姓名字段中写成了性别，身份证号字段中写成了手机号等，均属这种问题。但该问题的特殊性在于并不能简单地以删除来处理，因为有可能是人工填写错误，也有可能是前端没有校验，还有可能是导入数据时部分或全部存在列没有对齐的问题，因此要详细识别问题类型。

格式内容问题是比较细节的问题，但很多自动分析工具或者数据分析师都处理不当，比如跨表关联或 VLOOKUP 失败（多个空格导致工具认为"陈丹奕"和"陈 丹 奕"不是一个人）、统计值不全（数字中加个字母导致结果有问题）、模型输出失败或效果不好（数据对错列、日期和年龄混淆等）。因此，必须注意这部分清洗工作，尤其是在处理的数据是人工收集而来的，或者实际环境中已经确定产品前端校验设计质量不高时。

还有一种情况是互联网大数据特有的情形。不同国家、地区的字符编码标准不一样，计算机存储的数据在不同的上下文中表达不同的语义，这种情况下数据预处理需要特别投入精力关注数据的编码格式和语义分析。既不能因为误判混入不正确的数据，也不能因为格式问题去除了实际有用的数据。

3.3.4 逻辑错误清洗

这部分的工作是去掉一些使用简单逻辑推理就可以直接发现问题的数据，防止分析结果走偏。主要包含以下几个步骤：

1）去重

有的数据分析师或者数据分析项目把去重放在第一步，但一般情况下建议把去重放在格式内容清洗之后，原因是没有经过格式清洗的数据很大可能会去重失败。

大数据中去重要特别小心，很多时候大数据的算法并不希望去重，甚至还会自动生成很多重合数据。一是人为判断的重复不见得是真正的重复，被认为重复而实际上不重复的数据往往表达了真实世界中的有用信息；二是某些场景下数据的重复反而是大数据学习的需要，比如深度学习中的对抗设计，反而需要去生成非真实采集的重复数据。

2）去除不合理值

这种情况多见于机器收集数据过程中人工参与部分的偶发性错误，比如网页自动填表入库或者手工填报后 OCR 提取为电子数据。比如有人填表时年龄为 20 岁，接着填婚龄 10 年；或者身份证号码和年龄不符合，这种关联逻辑性错误往往不能靠异常值清洗去除。这种逻辑矛盾如果在数据采集前端未检查得当就会直接混入数据预处理。此时就需要去除逻辑不合理值。要么删掉，要么按缺失值处理，如果分析得当，还可以根据数据来源进行数据重构。逻辑不合理值的处理非常依赖于大数据的具体问题上下文，要依赖于数据分析专家或者数据分析师的丰富经验和细心负责的态度。

逻辑错误除了以上列举的，还有很多未列举的情况，在实际操作中要酌情处理。另外，这一步骤在之后的数据分析建模过程中有可能重复，因为即使问题很简单，也并非所有问题都能够一次找出，我们能做的是使用工具和方法，尽量减少问题出现的可能性，使分析过程更为高效。

3.3.5 非需求数据清洗

这一步说起来非常简单：把不需要的数据删除即可。但是大数据的实际操作中，往往不能确定是否一定不需要这些数据。一般原则是：只要大数据系统能够承受，尽量不丢弃数据；万不得已一旦决定要清洗非需求的数据，一定要做好数据的备份和恢复工作。

3.3.6 关联性验证

如果数据有多个来源，那么有必要进行关联性验证。例如，既有汽车的线下购买信息，也有电话客服问卷信息，两者通过姓名和手机号关联，那么要考察同一个人线下登记的车辆信息和线上问卷调查的车辆信息是不是同一辆，如果不是，需要调整或去除数据。现实世界中各种大数据来源质量不一，即使是政府不同部门得来的权威数据也往往会出现关联后不一致的情况。

严格意义上来说，这已经脱离数据清洗的范畴，而且关联数据变动在数据库模型中就应该涉及。对于大数据的数据分析师来说，多个来源的数据整合是非常复杂的工作，在数据清洗阶段就一定要注意数据之间的关联性，尽量不要拖到分析过程中结果不对时才发现数据之间互相矛盾。

3.4 数据集成

数据集成是将自多个数据存储的数据合并存放在一个数据存储中，如存放在数据仓库中。

上面是传统数据挖掘中对数据集成的学术定义和描述。在工业界，这个把数据从来源端经过抽取（Extract）、转换（Transform）、加载（Load）至目的端的过程称为 ETL（Extract-Transform-Load）。ETL 常用在数据仓库，但其对象并不限于数据仓库。

ETL 是构建数据仓库的重要一环，用户从数据源抽取出所需的数据，经过数据清洗，最终按照预先定义好的数据仓库模型，将数据加载到数据仓库中去。通常在泛指意义上，这就是数据集成。

ETL 过程在很大程度上受企业对源数据的理解程度的影响，也就是说从业务的角度看数据集成非常重要。一个优秀的 ETL 设计应该具有如下功能：采用元数据方法，集中进行管理；接口、数据格式、传输有严格的规范；尽量不在外部数据源安装软件；数据抽取系统流程自动化，并有自动调度功能；抽取的数据及时、准确、完整；可以提供同各种数据系统的接口，系统适应性强；提供软件框架系统，系统功能改变时，应用程序很少改变便可适应变化；可扩展性强。

合理的业务模型设计对 ETL 至关重要。数据仓库是企业唯一、真实、可靠的综合数据平台。数据仓库的设计建模一般都依照第三范式、星形模式、雪花模式，无论哪种设计思想，都应该最大化地涵盖关键业务数据，把运营环境中杂乱无序的数据结构统一成为合理的、关联的、分析型的新结构，而 ETL 则会依照模型的定义去提取数据源，进行转换、清洗，并最终加载到目标数据仓库中。

模型的重要之处在于对数据做标准化定义，实现统一的编码、统一的分类和组织。标准化定义的内容包括：标准代码统一、业务术语统一。ETL 依照模型进行初始加载、增量加载、缓慢增长维、慢速变化维、事实表加载等数据集成，并根据业务需求制定相应的加载策略、刷新策略、汇总策略、维护策略。

对业务数据本身及其运行环境的描述与定义的数据称为元数据（Metadata）。元数据是描述数据的数据。从某种意义上说，业务数据主要用于支持业务系统应用的数据，而元数据则是企业信息门户、客户关系管理、数据仓库、决策支持和 B2B 等新型应用所不可或缺的内容。

元数据的典型表现为对象的描述，即对数据库、表、列、列属性（类型、格式、约束等）以及主键/外部键关联等的描述。特别是现行应用的异构性与分布性越来越普遍的情况下，统一的元数据就愈发重要。"信息孤岛"曾经是很多企业对其应用现状的一种抱怨和概括，而合理的元数据则会有效地描绘出信息的关联性。

而元数据对于 ETL 的集中表现为：定义数据源的位置及数据源的属性、确定从源数据到目标数据的对应规则、确定相关的业务逻辑、在数据实际加载前的其他必要的准备工作，等等，它一般贯穿整个数据仓库项目，而 ETL 的所有过程必须最大化地参照元数据，这样才能快速实现 ETL。

但是，在大数据中，当前运营商数据仓库系统的计算和存储性能，已满足不了海量数据的增长：

（1）计算性能成瓶颈。传统的 ETL 对于大量的数据汇总、聚合、分析计算依赖于数据仓库库内计算。由于业务的持续发展，数据量越来越大，计算量也急剧加大，硬件处理计算性能达到了瓶颈，无法支撑海量数据处理。

（2）硬件成本投入大、利用率低。海量数据的存储，为保证磁盘 I/O 能力以及数据可靠性，通常使用高端存储设备，价格昂贵，同时由于使用磁盘阵列存储等不常用数据，占据大量空间，资源利用率不高。

（3）扩展性面临挑战。传统数据仓库扩容困难。传统 ETL 工具也满足不了海量异构数据整合、流式数据处理以及低时延的挑战。

在大数据时代，考虑到以上传统数据仓库的问题，实用的大数据集成系统必须具备如下几个要素：

（1）云化 ETL。无论是 Hadoop 还是 Spark 或者其他大数据集群架构，必须实现云化 ETL，云化 ETL 在扩展性方面和成本方面都较传统 ETL 更加有优势。今天的典型大数据业务，已经完全不能离开云的支撑。不仅仅是数据存储，数据计算也快速向云计算、边计算、雾计算演化。

（2）大规模数据的图形化开发处理能力。在大数据时代，再也不可能像经典数据分析那样去动用人力很精细地对数据进行处理和分析，必须能提供给用户方便的图形界面且能处理大规模数据、超大规模数据。这个图形界面不仅仅是数据管理、呈现、查询等常规操作，还必须在数据采集、数据清洗、数据集成、数据变换上提供敏捷的操作手段，能够灵活高效地实现用户意图、处理大规模数据。

3.5 数据变换

在数据预处理阶段，数据被变换或统一，使得挖掘过程可能更有效，挖掘的模式可能更容易理解。数据离散化是一种数据变换形式。

数据变换策略包括如下几种：

（1）光滑：去掉数据中的噪音。这种技术包括分箱、聚类和回归。

（2）属性构造（或特征构造）：可以由给定的属性构造新的属性并添加到属性集中，以帮助挖掘过程。

（3）聚集：对数据进行汇总和聚集。例如，可以聚集日销售数据，计算月和年销售量。通常，这一步用来为多个抽象层的数据分析构造数据立方体。

（4）规范化：把属性数据按比例缩放，使之落入一个特定的小区间，如-1.0 到 1.0 或 0.0 到 1.0。

（5）离散化：数值属性（如年龄）的原始值用区间标签（如 0 到 10，11 到 20 等）

或概念标签（如 youth，adult，senior）替换。这些标签可以递归地组织成更高层概念，导致数值属性的概念分层。

（6）由标称数据产生概念分层：属性（如 street），可以泛化到较高的概念层（如 city 或 country）。

常用的数据变换方法主要有以下几种：

1）通过规范化变换数据

规范化数据视图赋予所有属性相等的权重。

有许多数据规范化的方法，常用的方法有三种：最小-最大规范化、z-score 规范化和按小数定标规范化。假定 A 是数值属性，具有 n 个观测值 $v_1, v_2, \cdots, v_n$。

最小-最大规范化对原始数据进行线性变换。假定 $\min_A$ 和 $\max_A$ 分别为属性 A 的最小和最大值。最小-最大规范化通过式（3.1）进行计算：

$$v_i' = \frac{v_i - \min_A}{\max_A - \min_A}(\text{new\_max}_A - \text{new\_min}_A) + \text{new\_min}_A \tag{3.1}$$

最小-最大规范化保持原始数据值之间的相对联系。如果今后的输入实例落在 A 的原数据值域之外，则该方法将面临"越界"错误。

在 z 分数规范化（或零-均值规范化）中，基于 A 的平均值和标准差规范化。A 的值 v_i 被规范化为 v_i'，由式（3.2）计算：

$$v_i' = \frac{v_i - \overline{A}}{\sigma_A} \tag{3.2}$$

当属性 A 的实际最大和最小值未知，或离群点左右了最小-最大规范化时，该方法是有用的。

小数定标规范化通过移动属性 A 的值的小数点位置进行规范化。小数点的移动位数依赖于 A 的最大绝对值。A 的值 v_i 被规范化为 v_i'，由式（3.3）计算：

$$v_i' = \frac{v_i}{10^j} \tag{3.3}$$

式中，j 是使得 $\max(|v'|) < 1$ 的最小整数。

2）通过分箱离散化

分箱是一种基于指定的箱个数的自顶向下的分裂技术。分箱并不使用类信息，因此是一种非监督的离散化技术。它对用户指定的箱个数很敏感，也容易受离群点的影响。

3）通过直方图分析离散化

像分箱一样，直方图分析也是一种非监督离散化技术，因为它也不使用类信息。直方图把属性 A 的值划分成不相交的区间，称作桶或箱。

可以使用各种划分规则定义直方图。例如，在等宽直方图中，将值分成相等分区或区间（例如，属性 price，其中每个桶宽度为 10 美元）。理想情况下，使用等频直方图划分数据，使得每个分区包括相同个数的数据元组。

4）通过聚类、决策树和相关分析离散化

聚类分析是一种流行的离散化方法。通过将属性 A 的值划分成簇或组，聚类算法可以用来离散化数值属性 A。聚类考虑 A 的分布以及数据点的邻近性，因此可以产生高质量的离散化结果。

为分类生成决策树的技术可以用来离散化。这类技术使用自顶向下的划分方法。离散化的决策树方法是监督的，因为它使用类标号。其主要思想是，选择划分点使得一个给定的结果分区包含尽可能多的同类元组。相关性度量也可以用于离散化。ChiMerge 是一种基于卡方的离散化方法。它采用自底向上的策略，递归地找出最近邻的区间，然后合并它们，形成较大的区间。ChiMerge 是监督的，因为它使用类信息。过程如下：初始时，把数值属性 A 的每个不同值看作一个区间。对每对相邻区间进行卡方检验。具有最小卡方值的相邻区间合并在一起，因为低卡方值表明它们具有相似的类分布。该合并过程递归地进行，直到满足预先定义的终止条件。

5）标称数据的概念分层产生

概念分层可以用来把数据变换到多个粒度值。下面给出四种标称数据概念分层的产生方法。

（1）由用户或专家在模式级显式地说明属性的部分序。通常，分类属性或维的概念分层涉及一组属性。用户或专家在模式级通过说明属性的部分序或全序，可以很容易地定义概念分层。例如，关系数据库或数据仓库的维 location 可能包含如下一组属性：street,city, province_or_state 和 country。可以在模式级说明一个全序，如 street<city<province_or_state <country，来定义分层结构。

（2）通过显式数据分组说明分层结构的一部分。这基本上是人工地定义概念分层结构的一部分。在大型数据库中，通过显式的值枚举定义整个概念分层是不现实的。然而，对于一小部分中间层数据，我们可以很容易地显示说明分组。例如，在模式级说明了 province 和 country 形成一个分层后，用户可以人工地添加某些中间层。如显式地定义 "{Albert, Sakatchewan, Manitoba}, prairies_Canada" 和 "{British Columbia, prairies_Canada}, Western_Canada"。

（3）说明属性集，但不说明它们的偏序。用户可以说明一个属性集，形成概念分层，但并不显式说明它们的偏序。然后，系统可以试图自动地产生属性的序，构造有意义的概念分层。

"没有数据语义的知识，如何找出一个任意的分类属性集的分层序？"考虑下面的观察：由于一个较高层的概念通常包含若干从属的较低层概念，定义在高概念层的属性与定义在较低概念层的属性相比，通常包含较少数目的不同值。根据这一事实，可以根据给定属性集中每个属性不同值的个数，自动地产生概念分层。具有最多不同值的属性放在分层结构的最低层。一个属性的不同值个数越少，它在所产生的概念分层结构中所处的层越高。在许多情况下，这种启发式规则都很好用。在考察了所产生的分层之后，如果必要，局部层次交换或调整可由用户或专家来做。

注意，这种启发式规则并非万无一失。例如，在一个数据库中，时间维可能包含 20 个不同的年，12 个不同的月，每星期 7 个不同的天。然而，这并不意味时间分层应当是"year < month < days_of_the_week"，days_of_the_week 在分层结构的最顶层。

（4）只说明部分属性集。在定义分层时，有时用户可能对于分层结构中应当包含什么只有很模糊的想法。但最后用户可能在分层结构说明中只包含了相关属性的一小部分。例如，用户可能没有包含 location 所有分层的相关属性，而只说明了 street 和 city。为了处理这种部分说明的分层结构，重要的是在数据库模式中嵌入数据语义，使得语义密切相关的属性能够捆在一起。用这种办法，一个属性的说明可能触发整个语义密切相关的属性被"拖进"，形成一个完整的分层结构。但必要时，用户应当可以忽略这一特性。

总之，模式和属性值计数信息都可以用来产生标称数据的概念分层。使用概念分层变换数据使得较高层的知识模式可以被发现，它允许在多个抽象层上进行挖掘。

习　题

1. 如果不进行数据预处理而直接进行数据挖掘可能带来哪些问题？
2. 试着回答一下，邮政编码应该作为文本变量处理还是数值变量处理？
3. 在处理数据缺失的方法中，什么方法会导致变量分布（如标准差）的低估？这种方法的好处是什么？
4. 通过随机取值来处理缺失数据的方法有哪些优缺点？
5. 对于数据中的逻辑错误，除了本章中提到的几种，你还能列举出其他形式的逻辑错误吗？
6. 收集全班同学的身高数据，然后计算均值、中位数、标准差，并将全部数据规范化，然后试着观察该数据是否正态分布。
7. 首先对全班同学的花名册建立数据库，然后收集全班同学尽可能多的联系方式，建数据库，选取本章所述方法处理缺失值、离群值，最后尝试一下关联性验证。
8. 下载并安装开源软件 Logstash，试着运行并写一份分析报告，描述开源数据采集系统的功能、特点、使用场景，并试着分析该系统的优缺点。
9. 试列举数据离散化有几种方法？
10. 写一份综述，描述身边日常生活中观察到的数据挖掘或者数据分析系统（如电子支付、学校打卡、网络购物等）中可能使用数据采集和预处理的场景和可能使用的方法，阐述自己对数据采集和预处理的理解。

数据的归约 ‹‹‹

4.1 概　述

采集到的数据经过清洗和集成后得到一个数据仓库，但这个数据仓库往往非常庞大，包含成千上万种属性和上亿条样本数据记录，如果直接对其进行处理则有两方面的问题：①计算量太大，普通计算机甚至大型服务器都难以负担；②由于无关数据的干扰造成数据挖掘结果不可靠或精度不高。为了解决上述问题，研究者提出了许多数据归约（Data Reduction）方法。所谓数据归约，就是在保持数据原貌的前提下最大限度地精简数据。

数据归约本质上是以一种新的方式对原始数据进行表示或编码，其基本要求是：①归约数据集要比原始数据集精简得多；②归约数据集要保留原始数据的概貌、完整性和重要特征；③在归约数据集上挖掘更有效率，挖掘结果的精度有保障。

数据归约除了是数据预处理的重要步骤之外，在数据挖掘及后期处理阶段也经常用到，如知识选择、简化模型、提高知识的可读性。

数据归约大致可分为样本归约和特征归约两类，分别对原始数据仓库的记录和属性进行归约。样本归约主要是用适当的方法对原始数据进行抽样，从原始数据中抽出一个子集作为样本数据集，通过挖掘样本数据集来获取原始数据集的知识。从样本数据集中挖掘出来的知识只是原数据集知识的近似，存在抽样误差，误差的大小依赖于抽样方法。特征归约则是对数据仓库的属性（或特征）进行归约，可以理解成对一个关系数据库的列进行归约。特征归约主要包括维数归约和数值归约。维数归约的主要目的是降维，主要途径包括删除不相关的或不重要的特征，以及通过特征重组消除冗余等方法减少特征（变量）个数；数值归约则是通过对属性值进行适当的编码来减少数据量，提高挖掘效率。

4.2 属性的选择与数值归约

从数据仓库的所有属性中挑选出一个最优属性子集是实现数据降维的一种有效方法。选择属性子集的方法包括向前选择、向后剔除和判定树归纳，在所有这些方法中，属性的评估准则是至关重要的。

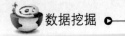

4.2.1 属性的评估准则

要选择属性就必须有一个标准来衡量属性的好坏，这就是属性的评估准则。常用的属性评估准则有：

（1）一致性测量（Consistency Measurement）。所谓一致性度量，就是两个属性的一致性程度。例如表 4.1 所示的关系数据库。

表 4.1 某俱乐部 VIP 会员等级数据

会员名	会员编号	收入水平	受教育程度	年龄级别	VIP 等级
李明	001	1	大专	2	低
刘艳	002	1	本科	2	高
张凯	003	2	高中	1	高
杨林	004	1	高中	2	低
王二小	005	3	大专	2	低
钱晓兰	006	2	本科	2	高
刘丽	007	2	大专	2	高

我们来考察收入水平与会员 VIP 等级的一致性程度。在这个表中，有个近似成立的规律，就是收入水平高其相应的 VIP 等级也高，但有两个会员例外，一个是刘艳，她收入水平低，但 VIP 等级高；一个是王二小，他收入水平高，但 VIP 等级低。这个表中共有 7 条记录，其中有 2 条违背一致性规律，因此收入水平与 VIP 等级的一致性可用下列方法计算：

$$\frac{7-2}{7} \approx 71.43\%$$

用同样的方法也可以计算受教育程度与 VIP 等级的一致性程度，结果为 57.14%，因此对于 VIP 等级而言，收入等级比受教育程度的一致性程度高。在做回归分析时，优先选择收入等级作为解释变量。

（2）关联性测量（Association Measurement）。在关系型数据库中，不同属性之间的关联性是指它们之间彼此依赖的关系，通常用关联度（Association Degree）来测量。例如在表 4.1 中，以会员的 VIP 等级作为标的属性来计算受教育程度与 VIP 等级的关联度。仔细观察，发现当受教育程度为高中时，有 1/2 的机会判定 VIP 等级为低；当受教育程度为大专时，有 1/3 的机会判定 VIP 等级为高；当受教育程度为本科时，有百分之百的机会判定 VIP 等级为高，因此受教育程度与 VIP 等级的关联度为

$$\frac{1}{2} \times \frac{1}{3} \times 1 = \frac{1}{6}$$

在实际应用中由于属性本身的不精确或模糊性会给计算两个变量的关联度带来困难，因此关联度的计算带有一定的主观性。一般来说，两个属性之间的关联度越高，表明由其中一个属性的值推断另一个属性的值的准确率越高。

（3）鉴别能力测量（Discrimination Measurement）。所谓鉴别能力，是指某一属性对数据库中的记录的区分能力。例如在表 4.1 中，我们仍以 VIP 等级作为标的属性，来看看其他属性对于 VIP 等级的鉴别能力如何。先来计算收入水平对 VIP 等级的鉴别能力，经观察发现，在 VIP 等级为低的人中有 2/3 的人收入水平为 1，在 VIP 等级为高的人中有 3/4 的人收入水平在 2 以上，因此收入水平对 VIP 等级的鉴别能力为：

$$\min\left\{\frac{2}{3}, \frac{3}{4}\right\} = \frac{2}{3}$$

再来看受教育程度对 VIP 等级的鉴别能力，在 VIP 等级为底的人中有 1/3 的人受教育程度也低（高中），在 VIP 等级为高的人中有 3/4 的人学历也高（大专以上），因此受教育程度对 VIP 等级的鉴别能力为：

$$\min\left\{\frac{1}{3}, \frac{3}{4}\right\} = \frac{1}{3}$$

对于 VIP 等级，收入水平的鉴别能力比受教育程度高。

（4）信息量测量（Information Measurement）。信息量是衡量一个属性是否重要的标准之一，一个属性包含的信息量越大，则它越重要。信息量的大小通常用 Shannon 信息熵表示：

$$H = -\sum_{i=1}^{n} p(x_i)\log_2 p(x_i)$$

例如，某属性 X 只有 $-1, 0, 1$ 三个可能取值，且

$$p(-1) = P\{X = -1\} = 0.2$$
$$p(0) = P\{X = 0\} = 0.5$$
$$p(1) = P\{X = 1\} = 0.3$$

则该属性的信息量为：

$$H = -\left[p(-1)\log_2 p(-1) + p(0)\log_2 p(0) + p(1)\log_2 p(1)\right] \approx 1.4885(\text{bit})$$

一个属性的信息量越大，说明该属性越重要。

4.2.2 属性子集选择方法

在确定了属性评估准则之后，接下来就是从数据集众多属性中选择一个最优的属

性子集，剔除原属性集中不重要的、冗余的和无关的特征，选出鉴别能力强、信息量大且与挖掘任务密切相关的特征。属性子集的选择策略主要有两种：逐步向前选择和逐步向后选择，也有将两者相结合的算法。

逐步向前选择的步骤是先置目标属性集为空，以后每次迭代都从原始属性集剩下的属性中选择最优的一个属性添加到目标属性集中，同时从原始属性集中删除该属性。重复此迭代过程，直至目标属性集满足要求为止。

逐步向后选择则刚好反过来，先将原始属性集赋值给目标属性集，以后每次迭代从目标属性集中剔除综合评分最差的一个属性，重复此过程，直至目标属性满足要求为止。

还有一种属性选择方法就是判定树法，该方法常用于对目标进行分类，在后续章节中有详细介绍。

4.2.3 数值归约

数值归约是指通过对属性值进行适当的编码来减少数据量。例如将属性作变量变换以减少其动态范围；将连续属性离散化，用整数进行编码；将属性二元化，使其只有两种取值；如果属性值是信号或图像，还可以进行压缩编码。

变量变换的方法主要有两种，即简单函数变换和数据标准化。简单函数变换的目的主要有两个：一是改变属性的数值分布，将非高斯分布转化为高斯分布；二是压缩属性或拉伸的数值动态范围，方便后续处理步骤。数据标准化常用式（4.1）：

$$x' = \frac{x - \overline{x}}{\sigma_x} \tag{4.1}$$

由于均值和标准差受离群点的影响很大，很多时候用中位数取代均值，用绝对标准差取代标准差对数据进行标准化，绝对标准差的定义为式（4.2）：

$$\sigma_A = \sum_{i=1}^{n} |x_i - \mu| \tag{4.2}$$

式中，μ 是中位数。

连续属性离散化就是将连续的属性值映射为若干个整数值。简单的离散化方法如等宽离散化，将数值范围 $[a,b]$ 划分成若干个等宽的小区间。另一种常用的离散化方法是等深离散化，其基本思想是先适当地将属性的取值范围划分成若干个小区间，使得属性值落在每一个小区间的频率相等，再将落在第 k 个小区间的属性值映射为 k，这样也实现了将连续属性离散化。

等宽离散化划分的区间长度相等，但受离群点的影响比较大，等深离散化能保证每一个小区间中的属性值个数大致相等，受离群点影响较小。为了保证离散化的效果，有时也采用一些较复杂的离散化方法，如聚类、最大熵离散化方法等。

4.3 线 性 回 归

线性回归是特征归约的一种重要方法，同时也是基本的预测方法。

表 4.2 是从某市采集的商品房成交价 P 和套面积 S 的数据，试分析 P 与 S 之间的函数关系。

表 4.2 商品房成交价与套面积数据

套面积（m²）	101	90	127	110	80	72	60	142	120	50	95
成交价（万元）	90	83.5	105	98	75	69.5	55	125.5	105	46	90
套面积（m²）	85	76.5	89.5	92	96.5	130	135	138	87.5	97	108
成交价（万元）	83	65	95	75	85	113	120	119.5	79.5	88	97

先画一个散点图，在坐标系中描出样本数据所对应的点，如图 4.1 所示。

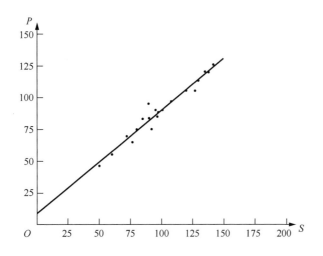

图 4.1 商品房成交价–面积回归分析

观察散点图可发现样本数据点大致分布在一条直线附近，因此想到用一个线性函数来拟合成交价 P 与套面积 S 之间的关系如式（4.3）：

$$P = aS + b + \varepsilon \qquad (4.3)$$

式中，a、b 分别代表直线的斜率和截距；ε 代表随机误差，这就是一元的线性回归模型。我们通过平方误差最小化来确定回归参数 a 和 b，如式（4.4）：

$$\min_{a,b} Q = \sum_{i=1}^{n} (P_i - aS_i - b)^2 \tag{4.4}$$

将 Q 分别对 a 和 b 求偏导数，得式（4.5）：

$$\frac{\partial Q}{\partial a} = -2\sum_{i=1}^{n} S_i(P_i - aS_i - b)$$
$$\frac{\partial Q}{\partial b} = -2\sum_{i=1}^{n} (P_i - aS_i - b) \tag{4.5}$$

令这两个偏导数等于 0，得式（4.6）：

$$a = \frac{\langle SP \rangle - \langle S \rangle \langle P \rangle}{\langle S^2 \rangle - \langle S \rangle^2}, b = \langle P \rangle - a\langle S \rangle \tag{4.6}$$

式中：

$$\langle S \rangle = \frac{1}{n}\sum_{i=1}^{n} S_i, \langle P \rangle = \frac{1}{n}\sum_{i=1}^{n} P_i$$
$$\langle SP \rangle = \frac{1}{n}\sum_{i=1}^{n} S_i P_i, \langle S^2 \rangle = \frac{1}{n}\sum_{i=1}^{n} S_i^2 \tag{4.7}$$

将样本数据代入计算后得到 $a=0.8085, b=9.0128$，因此得到的线性回归方程为式（4.8）：

$$P = 0.8085S + 9.0128 \tag{4.8}$$

更一般的线性回归模型是式（4.9）：

$$y = b_0 + b_1x_1 + b_2x_2 + ... + b_px_p + \varepsilon \tag{4.9}$$

式中，y 是因变量；x 是自变量或解释变量；ε 是随机误差。令

$$\boldsymbol{y} = \begin{pmatrix} y^{(1)} \\ y^{(2)} \\ \vdots \\ y^{(n)} \end{pmatrix}, \boldsymbol{X} = \begin{pmatrix} 1 & x_1^{(1)} & \cdots & x_p^{(1)} \\ 1 & x_1^{(2)} & \cdots & x_p^{(2)} \\ \vdots & \vdots & & \vdots \\ 1 & x_1^{(n)} & \cdots & x_p^{(n)} \end{pmatrix}, \boldsymbol{b} = \begin{pmatrix} b_0 \\ b_1 \\ \vdots \\ b_p \end{pmatrix} \tag{4.10}$$

则回归模型式（4.10）可表示为式（4.11）：

$$\boldsymbol{y} = \boldsymbol{Xb} + \boldsymbol{\varepsilon}, \boldsymbol{\varepsilon} = \left(\varepsilon^{(1)}, \varepsilon^{(2)}, ..., \varepsilon^{(n)}\right)^{\mathrm{T}} \tag{4.11}$$

为了估计参数 b，需要求解式（4.12）最小二乘问题：

$$\min_{b \in \mathbf{R}_p} Q = \|y - Xb\|^2 = \sum_{i=1}^{n} \left(y^{(i)} - b_0 - b_1 x_1^{(i)} - \cdots - b_p x_p^{(i)} \right)^2 \quad （4.12）$$

上述最小二乘问题的解是式（4.13）：

$$b = (X^T X)^{-1} X^T y \quad （4.13）$$

有些数据之间关系并不是简单的线性关系，这时线性回归模型就不太合适，后续章节将会介绍非线性回归模型，如多项式回归、逻辑回归等，这些非线性模型更适合于拟合数据变量之间的非线性关系。

4.4 主成分分析

主成分分析（Principal Component Analysis，PCA）是一种常用的高维数据降维方法，其基本思想是将原始变量做线性组合，通过少数几个组合变量反映原始数据的全部或绝大部分信息。

先来看一个简单的例子。表 4.3 是一部分中学生各科考试成绩的数据。

表 4.3 学生成绩数据

姓名	语文	数学	英语	物理	化学	生物	历史	地理	政治	体育
李丽	86	90	95	80	88	90	99	92	97	75
王伟	79	98	90	99	97	91	80	88	75	90
刘雄军	85	95	87	96	93	89	82	87	73	86
赵丽君	88	97	99	98	96	100	94	93	95	81
张燕	90	82	92	79	75	88	100	88	99	95
欧阳猛	65	100	80	95	97	96	70	75	68	90
杨季望	86	96	87	95	94	96	82	89	85	94
钱敏	90	80	93	67	80	85	99	90	98	91
曾庆羲	89	92	98	94	94	96	95	93	93	88
吴霞	80	99	90	100	98	98	79	90	78	95
易小明	66	80	70	66	69	72	62	70	60	88
苏晓晓	88	83	95	78	85	85	96	92	99	90
魏强	84	98	92	97	99	99	90	93	90	96
邓晓军	75	90	79	91	92	90	80	86	81	88

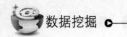

为了揭示各科成绩的相关性，我们计算相关系数矩阵，得

$$\rho = \begin{pmatrix}
1.00 & -0.16 & 0.87 & -0.00 & 0.04 & 0.41 & 0.91 & 0.88 & 0.87 & -0.04 \\
-0.16 & 1.00 & 0.13 & 0.94 & 0.93 & 0.76 & -0.26 & 0.17 & -0.28 & 0.03 \\
0.87 & 0.13 & 1.00 & 0.27 & 0.32 & 0.61 & 0.87 & 0.90 & 0.83 & -0.16 \\
-0.00 & 0.94 & 0.23 & 1.00 & 0.92 & 0.82 & -0.14 & 0.32 & -0.16 & 0.12 \\
0.04 & 0.93 & 0.32 & 0.92 & 1.00 & 0.84 & -0.03 & 0.42 & -0.04 & 0.02 \\
0.41 & 0.76 & 0.61 & 0.82 & 0.84 & 1.00 & 0.34 & 0.69 & 0.35 & 0.09 \\
0.91 & -0.26 & 0.87 & -0.14 & -0.03 & 0.34 & 1.00 & 0.83 & 0.97 & -0.17 \\
0.88 & 0.17 & 0.90 & 0.32 & 0.42 & 0.69 & 0.83 & 1.00 & 0.81 & -0.06 \\
0.87 & -0.28 & 0.83 & -0.16 & -0.04 & 0.35 & 0.97 & 0.81 & 1.00 & -0.11 \\
-0.04 & 0.03 & -0.16 & 0.12 & 0.02 & 0.09 & -0.17 & -0.06 & -0.11 & 1.00
\end{pmatrix}$$

从以上相关系数矩阵可以看出，有些科目成绩之间具有显著的相关性，例如历史与政治的相关性达到了 0.97，这说明这两科成绩是高度相关的。除此之外，还有数学和物理的相关性为 0.94，数学与化学的相关性为 0.93，等等，这说明原始数据存在较高的冗余，我们可以用更精简的方式来表示原始数据。

用变量表示各科成绩，希望构造少数几个综合变量：

$$f_i = a_{i1}x_1 + a_{i2}x_2 + \cdots + a_{ip}x_p, i = 1, 2, \cdots, q$$

式中 $q<p$，使得这少数几个综合变量能够反映原始数据的绝大部分信息，这些综合变量就称为主成分。一个变量的信息可用其方差来度量，如果方差为零，则它恒为常数，包含的信息量很少；如果它的方差很大，则说明它有各种变化，包含的信息量很大。p 个原始变量的总方差为式（4.14）：

$$\mathrm{Var}(x_1) + \mathrm{Var}(x_2) + \cdots + \mathrm{Var}(x_p) \tag{4.14}$$

式中，$\mathrm{Var}(x_i)$ 表示是变量 x_i 的方差，即式（4.15）：

$$\mathrm{Var}(x_i) = \left\langle \left(x_i - \langle x_i \rangle\right)^2 \right\rangle = \frac{1}{n}\sum_{k=1}^{n}(x_i^{(k)} - \langle x_i \rangle)^2, \langle x_i \rangle = \frac{1}{n}\sum_{k=1}^{n}x_i^{(k)} \tag{4.15}$$

组合变量式（4.15）的方差为式（4.16）：

$$\mathrm{Var}(f_i) = a_i^{\mathrm{T}} \sum a_i, a_i = (a_{i1}, a_{i2}, \cdots, a_{ip})^{\mathrm{T}} \tag{4.16}$$

求解第一个主成分 f_1 就是求解下列优化问题:

$$\max_{\boldsymbol{a}_1 \in \mathbf{R}_p} \mathrm{Var}(f_1) = \boldsymbol{a}_1^{\mathrm{T}} \sum \boldsymbol{a}_1 \qquad \text{s.t.} \qquad \|\boldsymbol{a}_1\|^2 = \sum_{k=1}^{p} a_{1k}^2 = 1 \qquad (4.17)$$

这个优化问题的解就是最大特征值所对应的单位特征向量,通过计算可得:

$$\boldsymbol{a}_1 = (0.3648, -0.0307, 0.3522, 0.0222, 0.0628, 0.1740, 0.5349, 0.2953, 0.5769, -0.0327)^{\mathrm{T}}$$

因此,第一个主成分为:

$$f_1 = 0.3648x_1 - 0.0307x_2 + 0.3522x_3 + 0.0222x_4 + 0.0628x_5 + 0.1740x_6 +$$
$$0.5349x_7 + 0.2953x_8 + 0.5769x_9 - 0.0327x_{10}$$

这一个主成分贡献了原始数据 53.65% 的方差。

接下来再求第二个主成分 f_2,这时需要求解式(4.18)的优化问题:

$$\max_{\boldsymbol{a}_2 \in \mathbf{R}_p} \mathrm{Var}(f_2) = \boldsymbol{a}_2^{\mathrm{T}} \sum \boldsymbol{a}_2 \qquad \text{s.t.} \qquad \|\boldsymbol{a}_2\|^2 = 1 \quad \boldsymbol{a}_2^{\mathrm{T}} \boldsymbol{a}_1 = 0 \qquad (4.18)$$

通过计算得到:

$$\boldsymbol{a}_2 = (-0.0293, 0.4019, 0.0894, 0.6514, 0.4969, 0.3343, -0.1179, 0.1099, -0.1398, 0.0318)^{\mathrm{T}}$$

因此,第二个主成分为:

$$f_2 = -0.0293x_1 + 0.4019x_2 + 0.0894x_3 + 0.6514x_4 + 0.4969x_5 + 0.3343x_6 -$$
$$0.1179x_7 + 0.1099x_8 - 0.1398x_9 + 0.0318x_{10}$$

第二个主成分贡献了原始数据 37.92% 的方差。

接下来再求第三个主成分 f_3,需要求解如式(4.19)优化问题:

$$\max_{\boldsymbol{a}_3 \in \mathbf{R}_p} \mathrm{Var}(f_3) = \boldsymbol{a}_3^{\mathrm{T}} \sum \boldsymbol{a}_3 \quad \text{s.t.} \quad \|\boldsymbol{a}_3\|^2 = 1 \quad \boldsymbol{a}_3^{\mathrm{T}} \boldsymbol{a}_1 = 0 \quad \boldsymbol{a}_3^{\mathrm{T}} \boldsymbol{a}_2 = 0 \qquad (4.19)$$

可以证明,这个优化问题的解是 $\sum$ 的第三大特征值 λ_3 所对应的单位特征向量。

通过计算可得:

$$\boldsymbol{a}_3 = (0.1562, -0.1095, -0.1189, 0.0751, -0.1205, 0.1006, -0.0838, 0.0410, 0.0586, 0.09524)^{\mathrm{T}}$$

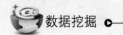

因此第三个主成分为

$$f_3 = 0.1562x_1 - 0.1095x_2 - 0.1189x_3 + 0.0751x_4 - 0.1205x_5 + 0.1006x_6 -$$
$$0.0838x_7 + 0.0410x_8 + 0.0586x_9 + 0.09524x_{10}$$

第三个主成分贡献了原始数据 4.07%的方差。

前三个主成分总计贡献了 95.63%的方差，因此用前三个主成分就可以很精确地表示原始数据，从而将原始数据由十维降为三维，这就是主成分分析的好处。

此外，还发现第一个主成分在语文、英语、历史、政治等文科成绩前面的系数比较大，其余系数非常小，因此不难推断第一个主成分是与文科成绩有关的变量。同样地，第二个主成分在数学、物理、化学、生物等理科成绩前面的系数比较大，因此它是反映理科综合成绩的变量。第三个主成分只在体育成绩前面的系数较大，接近 1，因此第三个主成分是与体育成绩密切相关的变量。在数据挖掘中，主成分分析不仅可以达到降维的目的，还可以从数据中挖掘出某些重要的结构信息。

习　题

1. 什么是数据归约？数据归约大致可分为哪几类？
2. 特征归约有哪几种？它们各自有什么特点？
3. 常用的属性评估准则有哪几种？
4. 常用的属性选择方法有哪几种？
5. 请收集世界各国年发电量及工业生产总值的数据，并做回归分析，看看能发现什么规律。
6. 请收集本班同学各科期末考试成绩数据，并做主成分分析，看看有什么规律。
7. 你作为银行信息中心工作人员，请阐述数据挖掘技术在银行业务中的应用，并写出相关的数据分析流。
8. 请根据 CRISP-DM（Cross Industry Standard Process for Data Mining）模型，描述数据归约包括哪些步骤。
9. 考虑值集{12 24 33 2 4 55 68 26}，其四分位数极差为多少？
10. 一所大学内的各年级人数分别为：一年级 200 人，二年级 160 人，三年级 130 人，四年级 110 人。则年级属性的众数是多少？

第 5 章

关联规则挖掘 ‹‹‹

5.1 概 述

关联规则挖掘用于挖掘事务数据库中项集间的相关联系，挖掘出满足支持度和置信度最低阈值要求的所有关联规则，这样的关联规则也称强关联规则。沃尔玛等大型企业成功将关联规则挖掘运用到消费者购物数据挖掘中，提高销售业绩，其中啤酒与尿不湿就是其中一个经典案例。

在 1993 年，安格沃尔等首先提出关联规则挖掘的概念，关联规则是找出大量数据中数据项之间潜在的、有用的依赖关系。关联规则产生于超市使用条形码扫描器收集的顾客交易数据，管理人员通过研究顾客购买产品的分布，通过分析购买商品的分类和顾客类型等，来改进卖场布局，提高销售业绩。

例如 $I = \{I_1, I_2, \cdots, I_m\}$ 是数据项的集合，D 是全体事物集合，一个事务 I，假设特殊项集 A 和 B，$A \subset I$，$B \subset I$，且 A 和 B 互斥，关联规则 $A \Rightarrow B$，则支持度与可信度如下：

支持度：$\text{support} = P(A \bigcap B) = \dfrac{\text{包含}A\text{和}B\text{的事务数量}}{\text{包含总数量}}$

可信度：$\text{confidence} = P(B \bigcap A) = \dfrac{P(B \bigcap A)}{P(A)} = \dfrac{\text{包含}A\text{和}B\text{的事务数量}}{\text{包含}A\text{的事务数量}}$

研究人员通过研究大数据集合中的规则，希望满足较高的支持度和可信度，其中满足或超过最小支持度和可信度的规则，通常称为强规则。

$$\text{support}(A \Rightarrow B) \geqslant \text{min\_support}, \quad \text{confidence}(A \Rightarrow B) \geqslant \text{min\_confidence}$$

关联规则挖掘主要分为以下步骤：

（1）在大数据的项集中，找到出现次数 $\geqslant \varphi$ 的频繁项集。

（2）从上面所得的频繁项集，建立满足最小支持度和可信度条件的关联规则。

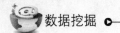

表 5.1 关联规则

TID	商品集合
1	{面包，牛奶}
2	{面包，尿不湿，啤酒，鸡蛋}
3	{牛奶，尿不湿，啤酒，可乐，食盐}
4	{面包，尿不湿，啤酒}
5	{面包，牛奶，尿不湿，食盐}

尿不湿 → 啤酒，推出 support=1%，confidence=30%，这说明顾客同时买尿不湿和啤酒占总集合的 1%，同时买尿不湿的顾客中有 30%也购买啤酒，管理人员通过分析其商品的关联规则，可以有效地改进商品摆设布局，获得最大利润。

5.2 关联规则的分类

（1）依据规则涉及的数据维数，分为单维的和多维的关联规则。其中单维只处理数据的一个维数，而多维关联规则处理多个维数的数据。例如：啤酒 ⇒ 尿不湿——涉及用户购买物品，是单维的关联规则；性别 = "女" ⇒ 职业 = "秘书"——涉及两个字段的信息，是多维关联规则。

（2）从规则抽象层次可分为单层和多层关联规则。单层关联规则忽略了所有的变量在现实数据上具有多个不同的层次；而多层关联规则的算法 Apriori 算法充分考虑了数据的多层性。

（3）从规则中处理变量的类别可以分为布尔型和数值型。布尔型关联规则处理的值都是种类化的、离散的，性别 = "女" ⇒ 职业 = "秘书"；数值型关联规则对数值型字段进行处理，多层关联规则或多维关联结合起来。直接对原始的数据进行处理或将数值列字段动态分割，性别 = "女" ⇒ 收入 = 3000。

5.3 关联规则的研究步骤

关联规则是在满足给定的最小支持度的项集中，找出所有满足最小置信度要求的关联规则，当数据库非常大的情况下，可以分为以下 6 个步骤：

（1）预处理与发现任务有关的数据，数据过滤阶段，第一步就是选择合适的目标数据集。通过使用数据选择与可视化工具来引导该过程，筛选掉不必要的数据。数据采样是对数据进行初步处理的一种有效方法。数据过滤阶段的输出是用数据测试的数据子集和约简了的规则空间，根据具体问题的要求对事务数据库进行相应的过滤操作，从而构成规格化后的事务数据库。

（2）规则约束条件的设定，第二阶段，借助模板等选择工具来定义待发现规则的类型。工具以适当的用户交互界面面向用户提供可用的规则类型和属性恒等形式构造模式，大多数系统只能学 4 种不同类型的规则。

（3）统计过滤，第三阶段是统计方法进一步过滤，从数据库中发现的规则能满足用户指定的模式，过滤阶段的目标是删除一些不重要的规则，可以通过设置统计参数、技术来参与该阶段。针对给定的目标数据集发现满足设定的最小支持度的大项集。

（4）语义过滤，生成所有满足最小置信度的关联规则，形成规则集。但是其中相当一部分从语义上看可能并没有什么意义或不太令人感兴趣，甚至是冗余的。对决策没有任何特别的价值过滤就是要设法删除在语义上没有意义的规则。

（5）规则的评估和解释，可以在经过上述几个阶段后所生成的规则集中选择感兴趣的规则，然后以适当的形式或方法表达所选择的规则，形成最后的规则集。

（6）规则的用户化呈现，采用可视化工具面向显示数据挖掘的最终结果。或者也可以将关联规则的挖掘过程分为预处理阶段、规则发现阶段和后处理阶段。

处理阶段遇到的问题：①预处理阶段，包括接收并理解用户的发现要求，描述用户的发现任务，利用数据库和系统字典提取出所有相关的数据并加以整理，形成初始知识模板。预处理阶段相当于前面的数据过滤和模式过滤阶段。②规则发现阶段，对应于前面的统计过滤阶段，是整个挖掘过程的核心部分。③后处理阶段，包括过滤阶段、规则评估阶段和规则的可视化呈现阶段。

5.3.1　关联规则挖掘算法的分类

针对顾客交易数据序中项集间的问题，R.Agrawal 等提出了关联规则的挖掘。研究人员对关联规则的挖掘问题进行了研究，主要集中在频繁项集理论的递推方法。基于原始算法基础加入随机采样、并行计算等方法，同时提出泛化的关联规则、周期性关联规则。其目的是一方面提高算法挖掘关联规则的效率，另一方对关联规则的深入应用进行挖掘。

关联规则的挖掘算法包含如下几个分类：

（1）关联规则挖掘 Apriori、APrioriTid、DHP 等算法，主要利用频繁项集向下封闭性质（Apriori 性质）。

（2）基于采样的算法、基于分割（partition）、DMA 等算法，主要利用对事务数据库划分，最终提高效率的算法。

（3）Adtree 数据结构、trie 树、项目格、概念格来挖掘关联规则，利用数据结构进行数据挖掘的算法。

（4）分层的关联规则法、受限关联规则挖掘算法，目的是适应挖掘内涵和外延扩展。

（5）频繁模式增长算法，挖掘全部频繁项集而不产生候选的算法。

（6）遗传算法作为数据挖掘算法，设计合理的编码策略和适应度函数，用来解决不同的问题。

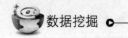

5.3.2 各种算法类型的对比

Apriori 采用对候选项集的数目进行压缩，效果显著。然而也有不足的地方，面对频繁模式较长时，Apriori 需要处理大量的候选频繁项集的数目，同时还要处理 Apriori_gen 过程中要进行大量的自连接和多次重复扫描数据库等 I/O 所带来的巨大开销。FP 增长算法比较 Apriori 类算法有了较大性能的提高，大量 FP 树结点链接增加数据结构的复杂度和资源的占用，同时树枝伸展的无序将降低挖掘的效率。遗传算法缺乏理论上的严格推导，是不产生候选项的关联规则挖掘算法，应用的范围不是很大。

📚 5.4 Apriori 算法分析

Apriori 采用频繁 k-项集用于探索 $k+L$-项集的逐层搜索的迭代方法。第一步找出频繁 1-项集的集合 L_1，然后是用以产生候选频繁项集 C_2，从而产生 2-频繁项集 L_2，基于以上理论同样产生 3-频繁项集，依此类推直到找不到频繁 k-项目集合。

在 Apriori 算法为提高频繁项集逐层产生的效率，若 X 为频繁模式，$\text{Support}(X) \geqslant S_{\min}$，$Y \subseteq X$ 且 $Y \neq \Phi$，数据库 DB 为事务数据库，$T \in \text{DB}$，如果有 $X \in T$，则 $Y \in T$，$\text{Support}(Y) \geqslant \text{Support}(X) \geqslant S_{\min}$，所以项集 y 是频繁的。同理可证若 x 为非频繁模式，则 x 的所有超集均为非频繁模式。

Apriorn 算法的过程，APriori 将关联规则的发现分为两部分：

首先识别目标数据集中所有支持度不低于用户设定的最小支持度的项集。

然后从所得项集中构造所有置信度不低于用户设定的最小置信度的关联规则。如果 k 个项目，则有 2^k 个可能的频繁大项集。关联规则挖掘算法的核心是找到所有的频繁大项集。

APriori 算法通过对数据库的多次扫描来发现所有的频繁大项集。在第一次扫描中，APriori 算法计算所有单个项目的支持度，支持度不低于最小支持度的 1-项集构成项集 L_1。然后两两连接频繁 1-项集 L_1，$L_1 \cdot L_2$ 生成候选 2-项集 C_2。计算候选 2-项集 C_2 中各元素的支持度，取其中支持度不低于最小支持度的项集构成频繁 2-项集 L_2。在后续的第 $k(k > 1)$ 次扫描时，首先利用前一次扫描时所发现的频繁 $k-1$-项集 $(k-1)$-项集 L_{k-1}，生成候选 k-项集 C_k，C_k 是频繁 k-项集。这样反复重复上述运算过程，直到发现不了新的频繁项集为止。为了高效地对数据进行关联规则挖掘，可以集中在两个方面，尽可能地最小化候选项集；其次是通过最少的事物数据库 DB 扫描，提高数据挖掘效率。

📚 5.5 实 例 分 析

利用 Apriori 算法对超市销售系统中的顾客购物交易数据库进行多次扫描，了解不同类型商品之间的关联并且同时列出购买的、支持度大于 40% 的商品的名称，如图 5.1 所示。

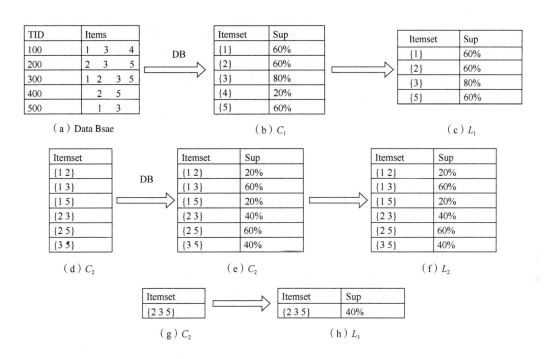

图 5.1 Apriori 算法案例分析

Apriori 算法的过程如下，扫描交易数据库 DB，确定 I 中所有单个项目为候选 1-项集 C_1，并计算各种元素的支持度，我们发现商品 4 在 TID = 100 且其支持度小于 40%，因而舍去。最后得到频繁 1-项集 L_1。然后根据 Apriori 算法将候选项集两两连接生成候选 2-项集 C_2，然后扫描数据库，计算候选所有元素的支持度，除去支持度均小于 40% 的项集，到频繁 2-项集 L_2，最终得到 L_3，循环结束。

附算法：

$\text{for}(k = 2; L_{k-1} \neq \phi; k + +)$ do Begin

$C_k = \text{apriori\_gen}(L_{k-1});$

for all transaction $t \in \text{DB}$ do begin

$C_t = \text{subset}(C_k, t);$

for all candidates $c \in C_t$ do

c.count + +;

end

$L_k = \{c \in C_k \mid c.\text{count} \geqslant S_{\min}\}$

end

return $U_k \, L_k$

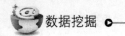

5.6　关联规则的推广（GRI）

数据和信息的数字化时代改变着人们的日常行为和生活。研究者对数据和信息进行深入挖掘，以便更好地利用这些数据。数据挖掘在商业等领域已经取得很好的应用，但对教育方面的研究刚刚起步，有待开发。对海量数据进行信息分析，能够透过复杂无序的信息，发现其内部联系，为流通和采购等工作提供科学有效的决策参考。利用数据挖掘的 GRI 关联规则，能够优化资源建设和推动并发展读者服务，提升图书馆的服务水平。

1992 年，Goodman 和 Smyth 提出了 GRI 算法，GRI 算法的目的是发现数据间的关联规则，找出两个或多个变量的取值之间存在的规律性进而找出某种行为模式。GRI 算法以事实表的方式来存储数据，采用深度优先搜索处理分类型变量。

GRI 算法的模型如图 5.2 所示。在运行的过程中要注意 3 个方面：

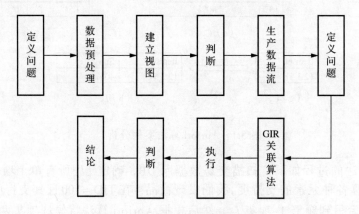

图 5.2　GRI 关联规则图

（1）对前项的 N 个数值型，按从小到大的顺序进行排列。

（2）对于大于组限值的数据，分组为组 2，其余数据分为组 1。

（3）GRI 算法的核心是 J-值，采用交互熵的概念来计算。J-计算公式为式（5.1）：

$$J(x\,|\,y) = p(y)p(x\,|\,y)\log\frac{p(x\,|\,y)}{p(x)} + (1-p(x\,|\,y))\log\frac{(1-p(x\,|\,y))}{1-p(x)} \qquad （5.1）$$

这里 GRI 不仅要定义获得的最小支持度和最小可信度，还要定义期望获得的多少规则，之后 GRI 要建立单一前项的关联规则，计算出关联规则 J-度量值。当 J-度量值比关联规则的最小 J 高时，则 J-度量值被插入表中，之前的最小 J 要删除。

例如，对广州大学城 10 所高校、30 万名左右的大学生进行随机调查，共发送 330 份问卷调查，回收 325 份，其中 6 份无效，有效问卷率 96.67%。问卷的具体内容如表 5.2 所示。

表 5.2 问卷调查

属 性	说 明	权 值
出游经历	是否有集体游经历	True,False
参与程度	愿意参加集体游的程度	非常愿意；愿意；一般；不愿意；非常不愿意
旅游类型	倾向的集体游类型	生态观光旅游；科技会展旅游；体育探险旅游； 休闲度假旅游
出游地点	倾向的旅游地点	购物旅游；
tour length	倾向的出游时间长度	学校周边地区；市内；市外；省外
Time	倾向的出游时间	2 天之内；2～3 天；一周内；一周以上
Cost	单次可承担的费用范围	周末；法定节假日；寒暑假；其他闲暇时间
考虑因素	出游时考虑最多的因素	1 100 元以下；100～301 元；301～500 元；500 元以上
出游方式	组织出游方式	自己组织；旅行社

通过上述挖掘得出，旅游的同学大多选择 2～3 天的短期旅游。自己愿意承受的费用范围在 100～300 元。GRI 算法关联规则分析了大学生参加旅游的各种因素和类型，学生集体游游市场为广大旅游企业和学校管理者提供了详细的数据分析。

关联规则要注意的事项

由于数据的信息十分海量，在一些信息里面难免会隐藏一些信息因没有及时发现就已经被过滤了，快速的搜索软件，获得的建模机制是默认的，有些信息并未仔细考虑，数据的挖掘人员应该仔细核对计算过程。数据挖掘软件在处理海量数据时，数据挖掘的过程会出现这样和那样的问题，挖掘的过程容易造成不良问题，这就需要有经验的专家组仔细检查，不断提高自己的能力，将大数据中隐藏的有用的信息挖掘出来，策划者可以根据挖掘出来的信息，采用有效的手段，获得最大的效益。

在使用关联规则的过程中，要考虑先验概率。为了描述先验经验，首先要说明可信度差异来作为评估度量。满足如下的关联规则：Marital = Divorced，则 Sex = Female，数据包含 33.16% 的女性，所以采用可信度为 60.029% 的关联规则（见表 5.3），我们可以得出关联规则的先验—后验的差异为 0.600 29−0.331 6=0.286 9。

表 5.3 关联规则

Consequent	Antecedent	Support(%)	Confidence(%)
Sex=Female	Marital Status	13.74	60.29

在这里可以使用可信度比率来挖掘数据背后隐藏的信息，其中设定可信度比率为式（5.2）：

$$可信度比率 = 1 - \min\left(\frac{p(y \mid x)}{p(y)}, \frac{p(y)}{p(y \mid x)}\right) \qquad (5.2)$$

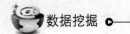

对于规则"Marital Status=Divorced，则 Sex=Female"，其中 $p(y)$=0.3316，$p(y|x)$=0.600 29，则计算出可信度比率为式（5.3）：

$$1 - \min\left(\frac{p(y|x)}{p(y)}, \frac{p(y)}{p(y|x)}\right)$$
$$= 1 - \frac{p(y)}{p(y|x)} \qquad (5.3)$$
$$= 1 - \frac{0.3316}{0.600\ 29}$$
$$= 0.5524$$

5.7 关联规则的深入挖掘

数据的挖掘是从海量数据中挖掘有用的信息。数据挖掘现在被广泛地应用到商业信息中，对大量商业数据进行抽取和分析，从中提取对商业决策者有用的信息。Apriori算法被广泛应用在关联规则频繁项集中。首先考虑的是置信度和支持度是否能满足一定的阈值，在实际过程要处理大量的数据，不能仅仅是简单的搜索，否则会出现一些无效的规则。

为了挖据数据有效的信息，我们在挖掘过程用采用支持度、置信度和提升度。提升度的定义为式（5.4）：

$$提升度 = \frac{规则可信度}{后项的先验比例} \qquad (5.4)$$

$$提升度 \text{life}(A \rightarrow B) = \frac{P(B|A)}{P(B)}$$
$$= \frac{\text{confidence}(A \rightarrow B)}{P(B)}$$

案例说明

购物篮数据集 dataset=[[0,2,3],[1,2,4],[0,1,2,4],[1,4]]，分别表示对 5 种商品（编号为 0,1,2,3,4）进行了 4 次购物。

第一步，购物频率不小于 2 次，最小支持度 2/4=50%，生成频集。计算 L_1，将不满足条件的商品 3 去除，得到 L1={[0],[1],[2],[4]}；之后根据 L_1 计算 L_2，过滤掉[[0,1],[0,4]，得到 L_2={[0,2],[1,2],[1,4],[2,4]}；同理根据 L_2 计算 L_3，得到 L_3={[1, 2, 4]}。最后得到频繁项集 $L=L_1+L_2+L_3$={[0],[1],[2],[4],[0,2],[1,2], [1,4],[2,4], [1,2,4]}（共 9 项），每项相应的频次分别为 2,3,3,3,2,2,3,2,2，在 4 个购物篮中，相应的支持度 support 分别为 0.5,0.75,0.75,0.75,0.5,0.5,0.75,0.5,0.50。

第二步，两两计算提升度：1ift[2,4][1]=support([1,2,4])/(support([2,4]* support([l])=1.33；

1ift[1,4][2]=support([1,2,4])/(support([1,4]* support([2])=0.89；

1ift[1,2][4]=support([1,2,4])/(support([1,2]* support([4])=1.33。

根据提升度的定义，其大于 1 时关联规则才有价值。因此，通过计算可以获知，[2,4][1], [1,2][4]是有价值的，而[[1,4][2]则没有意义。最终得到这个购物篮数据的 6 个关联规则：[2][0],[0][2],[4][1],[1][4],[2,4][1],[1,2][4],当数据量很大时，提升度值会远远大于 1，实际的推荐效果会很好。

习　题

1. 简述关联规则产生的两个基本步骤。

2. Apriori 算法是从事务数据库中挖掘布尔关联规则的常用算法，该算法利用频繁项集的先验知识，从候选项集中找到频繁项集。简述 Apriori 算法的基本原理。

3. 简述 Apriori 算法的优点和缺点。

4. 针对 Apriori 算法的缺点，可以做哪些方面的改进？

5. 强关联规则一定是有趣的吗？为什么？

6. 关联分析中表示关联关系的方法主要有哪些？

7. 购物篮分析中，数据是以什么的形式呈现的？

8. 一个关联规则同时满足最小支持度和最小置信度，我们将其称为什么？

9. 关联规则挖掘的算法主要有哪几种？

10. 数据挖掘大概步骤包括：输入数据、预处理挖掘、后处理、输出知识。其中，输出的知识可以有很多种表示形式，两种极端的形式是：

① 内部结构难以被理解的黑匣子，例如人工神经网络训练得出的网络。

② 模式结构清晰的匣子，这种结构容易被人理解，例如决策树产生的树。

那么，关联分析中输出的知识的表示形式主要是什么？

分类与预测 <<<

6.1 概　　述

数据分类就是把具有某种共同属性或特征的数据归并在一起，通过其类别的属性或特征来对数据进行区别。换句话说，就是把相同内容、相同性质的信息以及要求统一管理的信息集合在一起，而把相异的和需要分别管理的信息区分开来，然后确定各个集合之间的关系，形成一个有条理的分类系统。

6.1.1　基本概念

为了实现数据共享和提高处理效率，必须遵循约定的分类原则和方法。按照信息的内涵、性质及管理的要求，将系统内所有的信息按一定的结构体系分为不同的集合，使得每个信息在相应的分类体系中都有一个对应位置。

数据分类的目的是根据新数据对象的属性，将其分配到一个正确的类别中。分类分析用预测方法预测给定数据对象的类标号，被广泛应用到信誉证实、医疗诊断及选择购物等领域。

调研分析的基础是数据，而数据的类型可分为：

（1）连续性的变量：如身高、体重、化验值等，这些变量的特点可以有小数点，可以直接录入。

（2）分类变量：其变量值是定性的，表现为互不相容的类别或属性。实际上在调研当中运用最多的就是分类变量，可分为无序分类变量和有序分类变量两类。

① 无序分类变量是指所分类别或属性之间无程度和顺序的差别，如二项分类，性别（男、女），药物反应（阴性、阳性）等；多项分类，血型（O、A、B、AB），职业（工、农、商、学、兵）等。

② 有序分类变量是指各类别之间有程度的差别。如尿糖化验结果按 –、±、+、++、+++分类；疗效按治愈、显效、好转、无效分类。

6.1.2 数据分类的一般方法

按照数据的计量层次，可以将统计数据分为定类数据、定序数据、定距数据与定比数据。

（1）定类数据。这是数据的最低层，它将数据按照类别属性进行分类，各类别之间是平等并列关系。这种数据不带数量信息，并且不能在各类别间进行排序。例如，某商场将顾客所喜爱的服装颜色分为红色、白色、黄色等，红色、白色、黄色即为定类数据。又如，人类按性别分为男性和女性也属于定类数据。虽然定类数据表现为类别，但为了便于统计处理，可以对不同的类别用不同的数字或编码来表示。如1表示女性，2表示男性，但这些数码不代表这些数字可以区分大小或进行数学运算。不论用何种编码，其所包含的信息都没有任何损失。对定类数据执行的主要数值运算是计算每一类别中的项目的频数和频率。

（2）定序数据。这是数据的中间级别，定序数据不仅可以将数据分成不同的类别，而且各类别之间还可以通过排序比较优劣。也就是说，定序数据与定类数据最主要的区别是定序数据之间可以比较顺序。例如，人的受教育程度就属于定序数据。我们仍可以采用数字编码表示不同的类别：文盲半文盲=1，小学=2，初中=3，高中=4，大学=5，硕士=6，博士=7。通过将编码进行排序，可以明显地表示出受教育程度之间的高低差异。虽然这种差异程度不能通过编码之间的差异进行准确的度量，但是可以确定其高低顺序，即可以通过编码数值进行不等式的运算。

（3）定距数据。定距数据是具有一定单位的实际测量值（如摄氏温度、考试成绩等）。此时不仅可以知道两个变量之间存在差异，还可以通过加、减法运算准确地计算出各变量之间的实际差距是多少。定距数据的精确性比定类数据和定序数据前进了一大步，它可以对事物类别或次序之间的实际距离进行测量。例如，甲的英语成绩为80分，乙的英语成绩为85分，可知乙的英语成绩比甲的高5分。

（4）定比数据。这是数据的最高等级。它的数据表现形式与定距数据一样，均为实际的测量值。定比数据与定距数据唯一的区别是：在定比数据中是存在绝对零点的，而定距数据中是不存在绝对零点的（零点是人为制定的）。因此定比数据间不仅可以比较大小，进行加、减运算，还可以进行乘、除运算。

🕮 6.2 决策树模型

决策树是一种类似于流程图的树结构，其中每个内部结点（非树叶结点）表示在一个属性上的测试，每个分枝代表该测试的一个输出，每个树叶结点（或终端结点）存放一个类标号。决策树通过把实例从根结点排列到某个叶子结点来分类实例，叶子结点即为实例所属的分类。树上的每一个结点说明了对实例的某个属性的测试，并且该结点的每一个后继分枝对应于该属性的一个可能值。

6.2.1 决策树的工作原理

从这棵树的根结点开始测试这个结点指定的属性，然后按照给定实例的该属性值对应的树枝向下移动，最终这个过程再以新结点为根的子树上重复。

例如，在一个水果的分类问题中，采用的特征向量为{颜色，尺寸，形状，味道}，其中：

颜色属性的取值范围：红，绿，黄。

尺寸属性的取值范围：大，中，小。

味道属性的取值范围：甜，酸。

形状属性的取值范围：圆，细。

样本集：一批水果，知道其特征向量及类别。

问题：一个新的水果，观测到了其特征向量，应该将其分为哪一类？

分类树状图如图6.1所示。

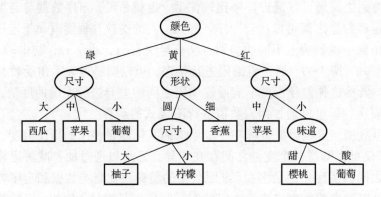

图6.1 分类树状图

上面的例子表明，通过提出一系列精心构思的关于分类记录属性的问题，可以解决分类间每当一个问题得到答案时，后续的问题将随之而来，直到得到记录的类标号。这一系列的问题和这些问题的可能回答组织成决策树的形式，决策树是一种由结点和有向边组成的层次结构。如图6.1中的决策树，树中包含3种结点：

根结点（root node），它没有入边，但有零条或多条出边。

内部结点（internal node），恰有一条入边和两条或多条出边。

叶结点（leaf node）或终结点（terminal node），恰有一条入边，但没有出边。

6.2.2 决策树的适用问题

决策树学习适合解决具有以下特征的问题：

（1）实例是由"属性–值"对应表示的。实例是用一系列固定的属性和相对应的值来描述的。

（2）目标函数具有离散的输出值。决策树给每个实例赋予一个布尔型的分类。决策树方法很容易扩展到学习有两个以上输出值的函数。可能需要析取的描述：决策树很自然地代表了析取表达式。训练数据可以包含错误：决策树学习对错误有很好的键壮性，无论是训练样例所属的分类错误，还是描述这些样例的属性值错误。训练数据可以包含缺少属性值的实例：决策树甚至可以在有未知属性值的训练样例中使用。

6.2.3 ID3 算法

大多数已开发的决策树算法是一种核心算法（CLS 算法）的变体。该算法采用自顶向下的贪婪搜索遍历可能的决策树空间。这种方法是 ID3 算法（Quinlan 1986）和后继的 C4.5（Quinlan 1993）的基础。

定义：ID3 算法是一种自顶向下增长树的贪婪算法，在每个结点选取最好分类样例的属性；继续这个过程指导这棵树能完美分类训练样例，或所有的属性都已被使用过。构造过程是从"哪一个属性将在树的根结点被测试"这个问题开始的。分类能力最好的属性被选作树的根结点的测试。然后为根结点属性的每个可能值产生一个分枝，并把训练样例排列到适当的分枝（也就是，样例的该属性值对应的分枝）之下。算法从不重新考虑以前的选择。

1. ID3 算法的核心问题

选取每个结点上要测试的属性。如何衡量一个属性价值的高低？这个问题没有统一答案。ID3 算法选择信息增益最大的属性作为决策树结点。熵（Entropy）对于数据集合 D，若任意一个数据 $d(d \in D)$ 有 c 个不同取值选项，那么数据集 D 对于这 c 个状态的熵为 $H(D)=E[-\log p_i]=-\sum i=\ln p_i$。其中 p_i 是数据集 D 中取值为 i（或者说属于类别 i）的数据的比例（或者概率）。如果数据有 c 种可能值，那么熵的最大可能值为 $\log^2 c$；信息增益属性 A 对于数据集 D 的信息增益 $Gain(D,A)$，是由于使用该属性分割数据集 D，而导致数据集 D 期望熵减少。Values(A)是属性 A 所有可能值的集合。D_v 是 D 中属性 A 的值为 v 的子集，即 $D_v=\{d|d \in D,A(d)=v\}$。Entropy(D)是 D 未用属性 A 分割之前的熵。Entropy(D_v)是 D 用属性 A 分割之后的熵。属性 A 的每一个可能取值都有一个熵，该熵的权重是取该属性值的数据在数据集 D 中所占的比例。

2. ID3 算法特点

ID3 算法的假设空间就是所有可能决策树的集合。也是一个关于现有属性的有限离散值函数的完整空间。运用爬山法搜索假设空间，并未彻底地搜索整个空间，而是当遇到第一个可接受的树时，就终止了。

ID3 算法实际上用信息增益度量做启发式规则，指导爬山搜索。

搜索策略是：优先选择较短的树，而不是较长的；选择那些高信息增益高属性更靠近根结点的树。优先选择短的树，即复杂度小的决策树，更符合奥卡姆剃刀原则。也就是优先选择更简单的假设。基本的 ID3 算法不回溯，对已经做过的选择不再重新考虑。ID3 算法收敛到局部最优解，而不是全局最优。可以对 ID3 算法得到的决策树进行修剪，增加某种形式的回溯，从而得到更优解。ID3 算法在搜索的每一步都使用当前的所有训练数据。使用全体数据的统计属性（信息增益）可以大大降低个别错误训练

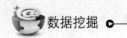

数据对学习结果的影响。所以 ID3 算法可以很容易地扩展到处理含有噪声的训练数据。

3．ID3 算法伪代码

第一步　创建根结点。

第二步　根结点数据集为初始数据集。

第三步　根结点属性集包括全体属性。

第四步　当前结点指向根结点。

第五步　在当前结点的属性集和数据集上，计算所有属性的信息增益。

第六步　选择信息增益最大的属性 A 作为当前结点的决策属性。

第七步　如果最大信息增益小于等于 0，则当前结点是叶子结点，标定其类别，并标记该结点已处理。执行第十四步。否则执行第八步。

第八步　对属性 A 的每一个可能值生成一个新结点。

第九步　把当前结点作为新结点的父结点。

第十步　从当前结点数据集中选取属性 A 等于某个值的数据，作为该值对应新结点的数据集。

第十一步　从当前结点属性集中去除属性 A，然后作为新结点的属性集。

第十二步　如果新结点数据集或者属性集为空，则该新结点是叶子结点，标定其类别，并标记该结点已处理。

第十三步　标记当前结点已处理。

第十四步　令当前结点指向一个未处理结点。如果无未处理结点则算法结束。否则执行第五步。

6.2.4　决策树的结点划分

（1）确定叶结点

方法一：对于每一个可以进一步划分的结点都进行划分，直到得到一个不可划分的子结点，并将该子结点定为叶结点。这种策略完美分类训练数据，但是当训练数据不能覆盖真实数据分布时，就会过度拟合。实践中决策树学习不要追求训练样本的完美划分，不要绝对追求叶结点的纯净度。只要适度保证叶结点的纯净度，适度保证对训练样本的正确分类能力就可以了。当然叶结点纯净度也不能过低，过低则是欠学习。我们应该在过度拟合与欠学习之间寻求合理的平衡。即在结点还可以进一步划分的时候，可根据预先设定的准则停止对其划分，并将其设置为叶结点。

方法二：将数据样本集合分为训练集与测试集。根据训练集构建决策树，每展开一层子结点，并将其设为叶结点，就得到一棵决策树，然后采用测试集对所得决策树的分类性能进行统计。重复上述过程，可以得到决策树在测试集上的学习曲线。根据学习曲线，选择在测试集上性能最佳的决策树为最终的决策树。

方法三：在决策树开始训练之前，先设定一个阈值作为终止学习的条件。在学习过程中如果结点满足了终止条件就停止划分，作为叶结点。终止条件可以选择为信息增益小于某阈值，或者结点中的数据占全体训练数据的比例小于某阈值等。

（2）叶结点的类别

对于叶结点 n，如果在该结点对应的样本中，属于第 i 类的样本数量最多，则判该叶结点为第 i 类。

（3）决策树模型的常见问题

确定决策树增长的深度，避免过度拟合；处理连续值的属性，选择一个适当的属性筛选度量标准；处理属性值不完整的训练数据；处理不同代价的属性，提高计算效率。

决策树的修剪问题：

对决策树的修剪可以在测试集上进行，也可以在全体数据集合上进行。修剪的一般原则是使决策树整体的精度提高，或者错误率降低。在实践中常用的规则后修剪（Rule Post-Pruning）方法如下：

第一步 从训练数据学习决策树，允许过度拟合。

第二步 将决策树转化为等价的规则集合。从根结点到叶子结点的一条路径就是一条规则。

第三步 对每一条规则，如果删除该规则中的一个前件不会降低该规则的估计精度，则可删此前件。

第四步 按照修剪后规则的估计精度对所有规则排序，最后按照此顺序应用规则进行分类。

6.3 贝叶斯分类模型

"什么是贝叶斯分类法？"贝叶斯分类法是统计学分类方法。它们可以预测类隶属关系的概率，如一个给定的元组属于一个特定类的概率。

贝叶斯分类基于贝叶斯定理。分类算法的比较研究发现，两种称为朴素贝叶斯分类法的简单贝叶斯分类法可以与决策树和经过挑选的神经网络分类器相媲美。用于大型数据库，贝叶斯分类法已表现出高准确率和高速度。

朴素贝叶斯分类法假定一个属性值在给定类上的影响独立于其他属性的值。这一假定称为类条件独立性。做此假定是为了简化计算，并在此意义下称为"朴素的"。

6.3.1 贝叶斯定理

贝叶斯定理以 Thomas Bayes 的名字命名。Thomas Bayes 是一位不墨守成规的英国牧师，是 18 世纪概率论和决策论的早期研究者。设 X 是数据元组。在贝叶斯的术语中，X 看作"证据"。通常，X 用 n 个属性集的测量值描述。令 H 为某种假设，如数据元组 X 属于某个特定类 C。对于分类问题，希望给定"证据"或观测数据元组 X 假设 H 成立的概率 $P(H|X)$。换言之，给定 X 的属性描述，找出元组 X 属于类 C 的概率。

$P(H|X)$ 是后验概率（Posterior Probability），即在条件 X 下，H 的后验概率。例如，假设数据元组世界限于分别由属性 age 和 income 描述的顾客，而 X 是一位 35 岁的顾

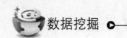

客，其收入为 4 万美元。令 *H* 为某种假设，如顾客将购买计算机。则 *P*(*H*|*X*) 反映当知道顾客的年龄和收入时，顾客 *X* 将购买计算机的概率。

相反，*P*(*H*) 是先验概率（Prior Probability），即 *H* 的先验概率。对于上述例子，它是任意给定顾客将购买计算机的概率，而不管他们的年龄、收入或任何其他信息。后验概率 *P*(*H*|*X*) 比先验概率 *P*(*H*) 基于更多的信息（如顾客的信息）。*P*(*H*) 独立于 *X*。

类似地，*P*(*X*|*H*) 的是条件 *H* 下 *X* 的后验概率。也就是说，它是已知顾客 *X* 将购买计算机，该顾客是 35 岁并且收入为 4 万美元的概率。

P(*X*) 是 *X* 的先验概率。由上述例子可知，它是顾客集合中的年龄为 35 岁并且收入为 4 万美元的概率。

"如何估计这些概率？"正如下面将看到的，*P*(*X*)、*P*(*H*) 和 *P*(*X*|*H*) 可以由给定的数据估计。贝叶斯定理提供了一种由 *P*(*X*)、*P*(*H*) 和 *P*(*X*|*H*) 计算后验概率 *P*(*H*|*X*) 的方法。

6.3.2 贝叶斯模型的特点

贝叶斯模型为衡量多个假设的置信度提供了定量的方法，可以计算每个假设的显式概率，提供了一个客观的选择标准。

特性：观察到的每个训练样例可以降低或升高某假设的估计概率。先验知识可以与观察数据一起决定假设的最终概率。允许假设做出不确定性的预测。例如前方目标是骆驼的可能性是 90%，是马的可能性是 5%。新的实例分类可由多个假设一起做出预测，用它们的概率来加权。即使在贝叶斯方法计算复杂度较高时，它仍可作为一个最优决策标准去衡量其他方法。

6.4 线性判别模型

可以把线性判别式分类方法看作感知器模型的"孪兄弟"，因为它们都属于线性分类器这一家族。判别式方法基于一种简单但很有用的概念：搜索可以最佳分隔各个类别的变量线性组合。可以把线性判别式看作判别法的一种，因为它既不显式地估计分类隶属关系的后验概率，也不估计分类的条件分布。Fisher（1936）是最早讨论线性判别式分析的著作之一（对于二分类的情况）。设 *C* 为公式（6.1）定义的组合样本协方差矩阵：

$$\hat{C} = \frac{1}{n_1 + n_2} \left(n_1 \hat{C}_1 + n_2 \hat{C}_2 \right) \tag{6.1}$$

式中，n_i（$1 \leqslant i \leqslant 2$）是每个类的数据点数；$\hat{C}_i$（$1 \leqslant i \leqslant 2$）是每个类的 $p \times p$ 样本协方差矩阵（估计的）。为了表征任意 p 维向量 w 的分隔能力，费歇尔定义了一个标量的评分函数为式（6.2）：

$$S(w) = \frac{W^{\mathrm{T}}\hat{\mu}_1 - W^{\mathrm{T}}\hat{\mu}_2}{W^{\mathrm{T}}\hat{C}_w} \tag{6.2}$$

式中，$\hat{\mu}_1$和$\hat{\mu}_2$分别是第 1 类和第 2 类数据中 x 的 $p\times1$ 均值向量。分子项是每个类的均值投影差异，我们希望这一项最大化。分母是数据在 w 方向投影的估计方差，并考虑了不同变量 x_1，既有各自的不同方差，又有相互间的不同协方差。

给定了评分函数 $S(w)$，接下来的问题就是确定使这个表达式最大化的方向 w。实际上，存在一个闭合形式的解，从而可以得到最大化以上表达式的 w，它是由式（6.3）给出的：

$$\hat{w}_{lda} = \hat{C}^{-1}(\hat{\mu}_1 - \hat{\mu}_2) \tag{6.3}$$

分类新数据点的方法就是把它投影到最大化分隔的方向，如果 x 满足式（6.4）便把它分类到第一类中：

$$W_{lda}^{\mathrm{T}}\left(x - \frac{1}{2}\hat{\mu}_1 - \hat{\mu}_2\right) > \log\frac{p(c_1)}{p(c_2)} \tag{6.4}$$

式中，$p(c_1)$ 和 $p(c_2)$ 分别是两种类别的概率。

很多基于原始费歇尔线性判别式的扩展形式，正则判别式函数产生 $m-1$ 个不同决策边界（假定 $m-l<p$）来处理类别数 $m>2$ 的情况。当放宽了协方差矩阵相等的条件时，二次判别式函数在输入空间中产生二次的决策边界。正规化判别式分析则将二次方法的形式更加简化。

线性判别式模型的计算复杂度是 $O(mp^2n)$。这里假定 $n \gg \{p,m\}$，所以主要的任务是估计分类的协方差矩阵 $\hat{C}_i$（$1<i<m$），至多对数据库进行两次线性扫描便可以发现所有这些矩阵（一次是取得均值，一次是产生 $O(p^2)$ 个协方差矩阵项）。因此，这个模型对观察值数量的变化有很好的伸缩性，但是对于变量数目的增大特别敏感，因此它对变量数 p 的依赖性（需要估计的参数数量）是二次的。

6.5 逻辑回归模型

6.5.1 逻辑回归模型概述

逻辑回归（Logistic Regression, LR）模型其实是在线性回归的基础上套用了一个逻辑函数，由于这个逻辑函数，使得逻辑回归模型成为机器学习领域一颗耀眼的明星。本节主要详述逻辑回归模型的基础。

6.5.2 逻辑回归模型的基本概念

回归是一种极易理解的模型，就相当于 $y=f(x)$，表明自变量 x 与因变量 y 的关系。

最常见问题有如医生治病时的望、闻、问、切，之后判定病人是否生病或生了什么病，其中的望闻问切就是获取自变量 x（即特征数据），判断是否生病就相当于获取因变量 y（即预测分类）。

最简单的回归是线性回归，在此借用 Andrew NG 的讲义，如图 6.2（a）所示，X 为数据点——肿瘤的大小，Y 为观测值——是否是恶性肿瘤。通过构建线性回归模型，即可以根据肿瘤大小，预测是否为恶性肿瘤，$h_\theta(x) \geqslant 0.5$ 为恶性，$h_\theta(x) < 0.5$ 为良性。

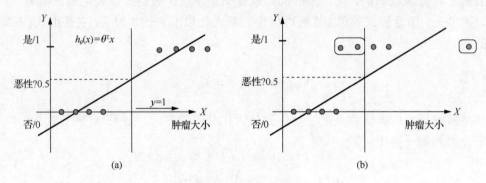

图 6.2　线性回归

然而线性回归的健壮性很差，例如在图 6.2（b）所示的数据集上建立回归，因最右边噪点的存在，使回归模型在训练集上表现都很差。这主要是由于线性回归在整个实数域内敏感度一致，而分类范围限制[0,1]。逻辑回归就是一种减小预测范围，将预测值限定为[0,1]间的一种回归模型，其回归方程式（6.5）和（6.6）与回归曲线如图 6.3 所示。逻辑曲线在 $z=0$ 时，十分敏感；在 $z=1$ 处，不敏感，将预测值限定在（0,1）之间。

$$g(z) = \frac{1}{1+\mathrm{e}^{-z}} \tag{6.5}$$

$$g(-z) = 1 - \frac{1}{1+\mathrm{e}^{-z}} = \frac{1}{1+\mathrm{e}^{z}} \tag{6.6}$$

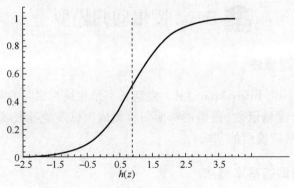

图 6.3　回归曲线

对于多元逻辑回归，可用如下公式拟合分类，其中式（6.8）的变换将在逻辑回归模型参数估计时，化简公式带来很多益处，y={0,1}为分类结果。

$$p(y=1|x,\theta)=\frac{1}{1+e^{-e^{Tx}}} \tag{6.7}$$

$$p(y=1|x,\theta)=\frac{1}{1+e^{-e^{Tx}}}=1-p(y=1|x,\theta)=p(y=1|x,-\theta) \tag{6.8}$$

令：$h_\theta(x)=g(\theta^T x)=\frac{1}{1+e^{-e^{Tx}}}; g(z)=\frac{1}{1+e^{-z}}$

对于训练数据集，特征数据 $x=\{x_1,x_2,\cdots,x_m\}$ 和对应的分类数据 $y=\{y_1,y_2,\cdots,y_m\}$，构建逻辑回归模型 $f(\theta)$，最典型的构建方法应用极大似然估计。首先，对于单个样本，其后验概率如式（6.9）：

$$p(y|x,\theta)=\left(h_\theta(x)\right)^y\left(1-h_\theta(x)\right)^{1-y} \tag{6.9}$$

式中，y=1（或 0）。

那么，极大似然函数为式（6.10）：

$$L(\theta|x,y)=\prod_{i=1}^{m}p(y^{(i)}|x^{(i)};\ \theta)=\prod_{i=1}^{m}(h_\theta(x))^{y^{(i)}}(1-h_\theta(x))^{1-y^{(i)}} \tag{6.10}$$

对式（6.10）取对数为式（6.11）：

$$l(\theta)=\log\left(L(\theta|x,y)\right)=\sum_{i=1}^{m}y^{(i)}\log h(x^{(i)})+(1-y^{(i)})\log 1-h(x^{(i)}) \tag{6.11}$$

6.6 模型的评估与选择

6.6.1 评估分类器性能的度量

本节介绍一些评估度量，用来评估分类器预测元组类标号的性能或"准确率"。我们将考虑各类元组大致均匀分布的情况，也考虑类不平衡的情况（例如，在医学化验中，感兴趣的重要类稀少）。本节介绍的分类器评估度量汇总在表 6.1 中，包括准确率（又称"识别率"）、敏感度（又称"为召回率"）、特效性、精度、F_1 和 F_β。注意，尽管准确率是一个特定的度量，但是"准确率"一词也经常作为谈论分类器预测能力的通用术语。

表 6.1　公式表

度量	公式
准确率、识别率	$\dfrac{TP+TN}{P+N}$
错误率、误分类率	$\dfrac{FP+FN}{P+N}$
敏感度、真正例率、召回率	$\dfrac{TP}{P}$
特效性、真负例率	$\dfrac{TN}{N}$
精度	$\dfrac{TP}{TP+FP}$
F、F_1、F 分数 精度和召回率的调和均值	$\dfrac{2\times precision\times recall}{precision+recall}$
F_β，其中 β 是非负实数	$\dfrac{(1+\beta^2)\times precision\times recall}{\beta^2\times precision+recall}$

注意：某些度量有多个名称。TP、TN、FP、FN、P、N 分别表示真正例、真负例、假正例、假负例、正和负样本数。

真正例／真阳性（True Positive, TP）：是指被分类器正确分类的正元组。令 TP 为真正例的个数。

真负例／真阴性（True Negative, TN）：是指被分类器正确分类的负元组。令 TN 为真负例的个数。

假正例／假阳性（False Positive, FP）：是被错误地标记为正元组的负元组（例如，类 buys_computer = no 的元组，被分类器预测为 buys_computer =yes）。令 FP 为假正例的个数。

假负例／假阴性（False Negative, FN）：是被错误地标记为负元组的正元组（例如，类 buys_computer = yes 的元组，被分类器预测为 buys_computer = no）。令 FN 为假负例的个数。

混淆矩阵是分析分类器识别不同类元组的一种有用工具。TP 和 TN 告诉我们分类器何时分类正确，而 FP 和 FN 告诉我们分类器何时分类错误。给定 m 个类（其中 $m\geqslant2$），混淆矩阵（confusion matrix）是一个至少为 $m\times m$ 的表。前 m 行和 m 列中的表目 $CM_{i,j}$ 指出类 i 的元组被分类器标记为类 j 的个数。理想地，对于具有高准确率的分类器，大部分元组应该被混淆矩阵从 $CM_{1,1}$ 到 $CM_{m,m}$ 的对角线上的表目表示，而其他表目为 0 或者接近 0。也就是说，FP 和 FN 接近 0。

表 6.2 有附加的行和列，提供合计。例如，在表 6.2 所示的混淆矩阵中，显示了 P 和 N。此外，P 是被分类器标记为正的元组（TP+FP），N 是被标记为负的元组数（TN+FN）。元组的总数为 TP+TN+FP+PN，或 $P+N$，或 $P'+N'$。注意，尽管所显示的混淆矩阵是针对二元分类问题，但是容易用类似的方法给出多类问题的混淆矩阵。

表 6.2 一个混淆矩阵

实际的类	预测的类			
		yes	no	合计
	yes	TP	FN	P
	no	FP	TN	N
	合计	P'	N'	$P+N$

现在，从准确率开始，考察评估度量。分类器在给定检验集上的准确率（accuracy）是被该分类器正确分类的元组所占的百分比。即

$$accuracy = \frac{TP + TN}{P + N} \tag{6.12}$$

在模式识别文献中，准确率又称分类器的总体识别率；即它反映分类器对各类元组的正确识别情况。两个类 buys_computer = yes（正类）和 buys_computer = no（负类）混淆矩阵的例子显示了合计，以及每类和总体识别率。如表 6.3 所示的混淆矩阵，很容易看出相应的分类器是否混淆了两个类。

表 6.3 混淆矩阵

类	buys_computer=yes	buys_computer=no	合计	识别率（%）
buys_computer=yes	6 954	46	7 000	99.34
buys_computer=no	412	2 588	3 000	86.27
合计	7 366	2 634	10 000	95.42

类 buys_computer = yes 和 buys_computer = no 的混淆矩阵，其中第 i 行和第 j 列的表目显示类 i 的元组被分类器标记为类 j 的个数。理想地，非对角线上的表目应当为 0 或接近 0。

例如，我们看到 412 个 "no" 元组被误标记为 "yes"。当类分布相对平衡时，准确率最有效。

我们也可以说分类器 M 的误分类率，它是 1-accuracy（M），其中 accuracy（M）是 M 的准确率。它也可以用式（6.13）计算：

$$error\_rate = \frac{FP + FN}{P + N} \tag{6.13}$$

如果想使用训练集（而不是检验集）来估计模型的误分类率，则该量称为再代入误差。这种误差估计是实际误差率的乐观估计（类似地，对应的准确率估计也是乐观的），因为并未在没有见过的任何样本上对模型进行检验。

现在，考虑类不平衡问题，其中感兴趣的主类是稀少的。也就是说，数据集的分布反映负类显著地占多数，而正类占少数。例如，在欺诈检测应用中，感兴趣的类（或正类）是"fraud"（欺诈），它的出现远不及负类"nonfraudulant"（非欺诈）频繁。在医疗数据中，可能也有稀有类，如"cancer"（癌症）。假设已经训练了一个分类器，对医疗元组分类，其中类标号属性是"cancer"，而可能的类值是"yes"和"no"。97%的准确率使得该分类器看上去相当准确，但是，如果实际只有3%的训练元组是癌症，显然，97%的准确率是不可能被接受的。例如，该分类器可能只是正确地标记非癌症元组，而错误地对所有癌症元组分类。因此，需要其他的度量，评估分类器正确地识别正元组（"cancer=yes"）的情况和正确地识别负元（"cancer=no"）的情况。

为此，可以分别使用灵敏性（sensitivity）和特效性（specificity）度量。灵敏度也称为真正例（识别）率（即正确识别的正元组的百分比），而特效性是真负例率（即正确识别的负元组的百分比）。这些度量定义为式（6.14）和式（6.15）：

$$sensitivity = \frac{TP}{P} \tag{6.14}$$

$$specificity = \frac{TN}{N} \tag{6.15}$$

可以证明准确率是灵敏性和特效性度量的函数如式（6.16）：

$$accuracy = sensitivity = \frac{P}{P+N} + specificity \frac{N}{P+N} \tag{6.16}$$

表6.4显示了医疗数据的混淆矩阵，其中，类标号属性cancer的类值为yes和no。该分类器的灵敏度为 $\frac{90}{300}=30\%$。特效性为 $\frac{9\,650}{9\,700}=98.56\%$。该分类器的总体准确率为 $\frac{9\,650}{10\,000}=96.50\%$。

表6.4 类cancer=yes和cancer=no的混淆矩阵

类	yes	no	合计	识别率（%）
yes	90	210	300	30.00
no	140	9 560	9 700	98.56
合计	230	9 770	10 000	96.40

精度和召回率度量也在分类中广泛使用。精度（precision）可以看作精确性的度量（即标记为正类的元组实际为正类所占的百分比），而召回率（recall）是完全性的度量（即正元组标记为正的百分比）。召回率看上去熟悉，因为它就是灵敏度（或真

正例率）。这些度量可以用式（6.17）和（6.18）计算：

$$precision = \frac{TP}{TP + FP} \qquad (6.17)$$

$$recall = \frac{TP}{TP + FP} = \frac{TP}{P} \qquad (6.18)$$

关于 yes 类，表 6.4 中分类器的精度为 $\frac{90}{230}$=39.13%。召回率为 $\frac{90}{300}$=30%。

类 C 的精度满分 1.0 意味着分类器标记为类 C 的每个元组都确实属于类 C。然而，对于被分类器错误分类的类 C 的元组数，它什么也不会告诉我们。类 C 的召回率满分 1.0 意味着类 C 的每个元组都标记为类 C，但是并未告诉我们有多少其他元组被不正确地标记属于类 C。精度与召回率之间趋向于呈现逆关系，有可能以降低一个为代价而提高另一个。例如，通过标记所有以肯定方式出现的癌症元组为样本，医疗数据分类器可能获得高精度，但是当它误标记许多其他癌症元组，则它可能具有很低的召回率。精度和召回率通常一起使用，用固定的召回率值比较精度，或用固定的精度比较召回率。例如，可以在 0.75 的召回率水平比较精度。

另一种使用精度和召回率的方法是把它们组合到一个度量中。这是 F 度量（又称为 F_1 分数或 F 分数）和 F_β 度量的方法，如式（6.19）和式（6.20）：

$$F = \frac{2 \times precision \times recall}{precision + recall} \qquad (6.19)$$

$$F_\beta = \frac{\left(1 + \beta^2\right) \times precision \times recall}{\beta^2 \times precision + recall} \qquad (6.20)$$

式中，β 是非负实数。F 度量是精度和召回率的调和均值，它赋予精度和召回率相等的权重。F 度量是精度和召回率加权度量，它赋予召回率权重是赋予精度的 β 倍。通常使用的 F_β 是 F_2（它赋予召回率权重是精度的 2 倍）和 $F_{0.5}$（它赋予精度的权重是召回率的 2 倍）。

在分类问题中，通常假定所有的元组都是唯一可分类的，即每个训练元组都只能属于一个类。然而，由于大型数据库中的数据非常多样化，假定所有的对象都唯一可分类并非总是合理的。假定每个元组可以属于多个类是可行的。这样，如何度量大型数据库上分类器的准确率？准确率度量是不合适的，因为它没考虑元组属于多个类的可能性。

同理返回类标号不合适，而返回类分布概率是合理的。这样，准确率度量可以采用二次猜测试探：一个类预测被断定是正确的，如果它与最可能的或次可能的类一致。尽管这在某种程度上确实考虑了元组的非唯一分类，但它不是完全解。

除了基于准确率的度量外，还可以根据其他方面比较分类器。

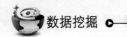

（1）速度：这涉及产生和使用分类器的计算开销。

（2）健壮性：这是假定数据有噪声或有缺失值时分类器做出正确预测的能力。通常，健壮性用噪声和缺失值渐增的一系列合成数据集评估。

（3）可伸缩性：这涉及给定大量数据，有效地构造分类器的能力。通常，可伸缩性用规模渐增的一系列数据集评估。

（4）可解释性：这涉及分类器或预测器提供的理解和洞察水平。可解释性是主观的，因而很难评估。决策树和分类规则可能容易解释，但随着它们变得更复杂，它们的可解释性也随之消失。

6.6.2 保持方法和随机二次抽样

保持方法是迄今为止讨论准确率时暗指的方法。在这种方法中，给定数据随机地划分成两个独立的集合：训练集和检验集。通常，2/3 的数据分配到训练集，其余 1/3 分配到检验集。使用训练集导出模型，其准确率用检验集估计（见图 6.4）。

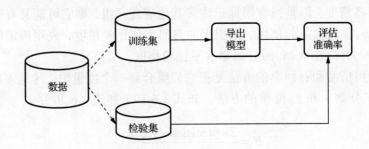

图 6.4　用保持方法估计准确率

随机二次抽样是保持方法的一种变形，它将保持方法重复 k 次。总准确率估计取每次迭代准确率的平均值。

6.6.3 交叉验证

在 k-折交叉验证（k-fold cross-validation）中，初始数据随机地划分成 k 个互不相交的子集或"折" $D_1, D_2, \cdots, D_k$，每个折的大小大致相等。训练和检验进行 k 次。在第 i 次迭代，分区 D_i 用作检验集，其余的分区一起用作训练模型。也就是说，在第一次迭代，子集 $D_2, \cdots, D_k$ 一起作为训练集，得到第一个模型，并在 D_1 上检验；第二次迭代在子集 $D_1, D_3, \cdots, D_k$ 上训练，并在 D_2 上检验；如此下去。与上面的保持和随机二次抽样不同，这里每个样本用于训练的次数相同，并且用于检验一次。对于分类，准确率估计是 k 次迭代正确分类的元组总数除以初始数据中的元组总数。

留一法（leave-one-out）是 k-折交叉验证的特殊情况，其中 k 设置为初始元组数。也就是说，每次只给检验集"留出"一个样本。在分层交叉验证（stratified cross-validation）中，折被分层，使得每个折中样本的类分布与在初始数据中的大致相同。

一般地，建议使用分层 10 – 折交叉验证估计准确率（即使计算能力允许使用更多的折），因为它具有相对较低的偏倚和方差。

6.6.4　自助法

与上面提到的准确率估计方法不同，自助法从给定训练元组中有放回的均匀抽样。也就是说，每当选中一个元组，它有可能被再次选中并被再次添加到训练集中。例如，想象一台从训练集中随机选择元组的机器。在有回放的抽样中，允许机器多次选择同一个元组。

有多种自助方法，最常用的一种是 0.632 自助法，其方法如下。假设给定的数据集包含 d 个元组。该数据集有回放地抽样 d 次，产生 d 个样本的自助样本集或训练集。原数据元组中的某些元组很可能在该样本集中出现多次。没有进入该训练集的数据元组最终形成检验集。假设进行这样的抽样多次，其结果是，在平均情况下，63.2%原数据元组将出现在自助样本中，而其余 38.8%的元组将形成检验集（因此称为 0.632 自助法）。

"数字 63.2%从何而来？" 每个元组被选中的概率是 $\dfrac{1}{d}$，因此未被选中的概率是 $\left(1-\dfrac{1}{d}\right)$。需要挑选 d 次，因此一个元组在 d 次挑选都未被选中的概率是 $\left(1-\dfrac{1}{d}\right)^{d}$。如果 d 很大，该概率近似为 $e^{-1}=0.368$。θ 因此 36.8%的元组未被选为训练元组而留在检验集中，其余的 63.2%的元组将形成训练集。

6.6.5　使用统计显著性检验选择模型

假设已经由数据产生了两个分类模型。已经进行 10-折交叉验证，得到了每个的平均错误率。"如何确定哪个模型最好？"直观地，可以选择具有最低错误率的模型。然而，平均错误率只是对未来数据真实总体上的错误估计。10-折交叉验证实验的错误率之间可能存在相当大的方差。尽管由 M_1 或 M_2 得到的平均错误率看上去可能不同，但是差别是显著的。

为了确定两个模型的平均错误率是否存在"真正的"差别，需要使用统计显著性检验。此外，希望得到平均错误率的置信界，使得我们可以做出这样的陈述："对于未来样本的 95%，观测到的均值将不会偏离正、负两个标准差"或者"一个模型比另一个模型好，误差幅度为±4%。"

为了进行统计检验，我们需要什么？假设对于每个模型，我们做了 10 次 10-折交叉验证，每次使用数据的不同的 10 折划分。每个划分都独立地抽取。可以分别对 M_1 或 M_2 得到的 10 个错误率取平均值，得到每个模型的平均错误率。对于一个给定的模型，在交叉验证中计算的每个错误率都可以看作来自一种概率分布的不同的独立样本。一般地，它们服从具有 $k-1$ 个自由度的 t 分布，其中 $k = 10$。（该分布看上去很像正态或高斯分布，尽管定义这两个分布的函数很不相同。两个分布都是单峰的、对称的和钟形的。）这使得我们可以做假设检验，其中所使用的显著性检验是 t-检验，或

研究者的 t-检验（student's t-test）。假设这两个模型相同，换言之两者的平均错误率之差为 0。如果我们能够拒绝该假设（称为原假设（null hypothesis）），则可以断言两个模型之间的差是统计显著的。在此情况下，可以选择具有较低错误率的模型。

在数据挖掘实践中，通常使用单个检验集，即可能对 M_1 和 M_2 使用相同的检验集。在这种情况下，对于 10-折交叉验证的每一轮，逐对比较每个模型。也就是说，对于10-折交叉验证的第 i 轮，使用相同的交叉验证划分得到 M_1 或 M_2 的错误率。设 $\mathrm{err}(M_1)_i$（或 $\mathrm{err}(M_2)_i$ 是模型 M_1 或 M_2 在第 i 轮的错误率。对 M_1 的错误率取平均值得到 M_1 的平均错误率，记为 $\overline{\mathrm{err}}(M_1)$。类似地，可以得到 $\overline{\mathrm{err}}(M_2)$。两个模型差的方差记为 $\mathrm{var}(M_1-M_2)$。t-检验计算 k 个样本具有 $k-1$ 自由度的 t-统计量。例如，$k=10$，因为这里的 k 个样本是从每个模型的 10-折交叉验证得到的错误率。逐对比较的 t-统计量按式（6.21）计算：

$$t = \frac{\overline{\mathrm{err}}(M_1) - \overline{\mathrm{err}}(M_2)}{\sqrt{\mathrm{var}(M_1 - M_2)/k}} \tag{6.21}$$

式中：

$$\mathrm{var}(M_1 - M_2) = \frac{1}{k}\sum_{i=1}^{k}\sum_{i=1}^{k}\left[\mathrm{err}(M_1)_i - \mathrm{err}(M_2)_i - \left(\overline{\mathrm{err}}(M_1) - \overline{\mathrm{err}}(M_2)\right)\right]^2 \tag{6.22}$$

为了确定 M_1 和 M_2 是否显著不同，计算 t 并选择显著水平 sig。在实践中，通常使用 5% 或 1% 的显著水平。然后，在标准的统计学教科书中查找 t-分布表。通常，该表以自由度为行，显著水平为列。假定要确定 M_1 和 M_2 之间的差对总体的 95%（即 sig=5% 或 0.05）是否显著不同。需要从该表查找对应于 $k-1$ 个自由度（对于我们的例子，自由度为 9）的 t 分布值。然而，由于 t-分布是对称的，通常只显示分布上部的百分点。因此，找 z=sig/2=0.025 的表值，其中 z 也称为置信界（confident limit）。如果 $t>z$ 或 $t<-z$，则 t 值落在拒绝域，在分布的尾部。这意味可以拒绝 M_1 和 M_2 的均值相同的原假设，并断言两个模型之间存在统计显著的差别。否则，如果不能拒绝原假设，于是断言 M_1 和 M_2 之间的差可能是随机的。

如果有两个检验集而不是单个检验集，则使用 t-检验的非逐对版本，其中两个模型的均值之间的方差估计为式（6.23）：

$$\mathrm{var}(M_1 - M_2) = \sqrt{\frac{\mathrm{var}(M_1)}{k_1} + \frac{\mathrm{var}(M_2)}{k_2}} \tag{6.23}$$

式中，k_1 和 k_2 分别用于 M_1 和 M_2 的交叉验证样本数（在我们的情况下，10-折交叉验证的轮）。这也称为两个样本的 t-检验。在查 t-分布表时，自由度取两个模型的最小自由度。

习 题

1. 什么是数据分类？数据分类大致可分为哪几类？
2. 决策树模型的工作原理有什么特点？
3. ID3 算法评估准则有哪几种？
4. 常用的属性选择方法有哪几种？
5. 如何有效划分决策树的结点？
6. 什么是贝叶斯分类？
7. 逻辑回归模型有哪些特点？和线性回归模型比较在数据分类方面有什么优缺点？
8. 自助法中"数字 63.2%"从何而来？
9. 描述一个决策结点不能进一步划分的可能的情况。
10. 判断止误：在生成叶结点时，决策树追求的是使每个结点异构性最大化。

非线性预测模型 ‹‹‹

第 7 章

7.1 概 述

从观测数据中归纳出系统规律，并利用这些规律对未来数据或无法观测到的数据进行预测，一直是数据分析、数据挖掘、智能系统研究的重点。数学上有很多非线性拟合和预测的方法及模型，但是这些严格的数学理论模型往往难以真正符合现实情况。人们发展出了很多黑箱模型来逼近、拟合现实中的非线性系统。早在 20 世纪 50 年代就提出了模仿人类大脑神经元工作方式的连接主义学派，后来被称为神经网络学派。经过一段时间发展后，1969 年人工智能专家明斯基指出，当时的神经网络只能解决线性问题，而不能解决"异或"这样的简单非线性问题。直到 1983 年 Hopfield 利用反馈神经网络在著名的"流动推销员"这个 NP 难题上取得了重大进展，以及 1986 年 BP 算法的提出，神经网络才在非线性预测、非线性判决领域引起广泛重视。但是随后人们发现单纯以梯度下降为算法核心的神经网络常常陷入局部最优，这极大地限制了神经网络的应用。直到 90 年代中期支持向量机为代表的小样本统计学习理论兴起，迅速成为数据挖掘、机器学习、非线性预测的主流技术。到了 20 世纪，随着计算机能力的进一步提高，连接主义又一次出现突破，从卷积神经网络演化出深度神经网络，在图像识别、语音识别、人工智能等领域取得了令人惊叹的成就。这样，从 20 世纪 40 年代的经典控制论（包括非线性控制）到简单神经网络，到以支持向量机为代表的统计学习理论，再到深度学习方法的全面兴起，非线性预测的理论和实践随着硬件计算能力的突破不断发展，根据统计数据，人类能用机器处理的学习网络规模大约每 2.4 年其能力提高一倍，目前普遍认为这一趋势将延续到 21 世纪 50 年代，对样本数据的训练负担越来越变得容易承受，大数据时代的到来使得非线性模型的训练和预测变得加速发展，这已经在围棋、语音识别、图像识别等传统人类强项上得到了证明。

7.2 支持向量机

根据统计学习理论，常用的非线性预测模型包括神经网络和模糊模型等都是基于经验风险最小化原理，这种学习算法都存在"过拟合"问题。Vapnik 基于统计学习和结构风险最小化原理提出了支持向量机方法，它兼顾了学习算法的经验风险和推广能力，可应用于非线性系统辨识、预测预报、建模与控制等方面。

支持向量机（Support Vector Machines，SVM）不同于神经网络等传统方法以训练误差最小化作为优化目标，而是以训练误差作为优化问题的约束条件，以置信范围值最小化作为优化目标，因此，支持向量机的泛化能力要明显优越于神经网络等传统学习方法。另外，支持向量机的解是唯一的，也是全局最优的。正是上述两大优点，使支持向量机一经提出就得到了广泛的重视。支持向量机理论最初来自于对数据分类问题的处理。对于线性可分数据的二值分类，如果采用神经网络来实现，其机理可以简单描述为：系统随机地产生一个超平面并移动它，直到训练集合中属于不同类别的点正好位于该超平面的不同侧面，就完成了对网络的设计要求。但是这种机理决定了不能保证最终所获得的分割平面位于两个类别的中心，这对于分类的容错性是不利的。

保证最终所获得的平面位于两个类别的中心对于分类问题的实际应用是很重要的。支持向量机方法很巧妙地解决了这个问题。该方法的机理可以简单描述为：寻找一个满足分类要求的最优分类超平面，使得超平面在保证分类精度的同时，能够使超平面两侧的空白区域最大化。理论上来说，支持向量机能够实现对线性可分数据的最优分类。为了进一步解决非线性问题，Vapnik 等人通过引入核映射方法将低维空间中的非线性问题转化为高维空间的线性可分问题来解决。

支持向量机是一种有监督（有导师）的学习方法，即已知训练点的类别，求训练点和类别之间的对应关系，以便将训练集按照类别分开，或者是预测新的训练点所对应的类别。支持向量机在解决小样本、非线性及高维模式识别问题中表现出许多特有的优势，并能够推广应用到函数拟合等其他机器学习问题中。虽然支持向量机最初是从解决分类问题出发的，但是可以很方便地推广到预测（有时也称回归）问题上。

7.2.1 支持向量机分类原理

对于线性可分数据的二值分类，即要寻找一个满足分类要求的最优分类超平面，使得该超平面在保证分类精度的同时，能够使超平面两侧的空白区域最大化。讨论线性可分的情况如图 7.1 所示。

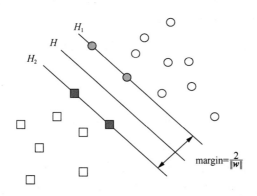

图 7.1 线性可分情况下的最优分类线

图 7.1 中的方形点和圆形点代表两类样本，H 为两类样本的分类线，H_1 和 H_2 分别为过两类样本中离分类线最近的样本且平行于分类线的直线，它们之间的距离称为分类间隔（margin）。

所谓最优分类线，就是要求分类线不但能够将两类无错误地分开，而且要使两类的分类间隔最大。前者是保证经验风险最小，而使分类间隔最大实际上就是使置信范围最小，从而使真实风险最小。推广到高维空间，最优分类线就成为最优分类面。

设线性可分样本集为 (x_i, y_i)。训练样本输入为 $x_i, i = 1, \cdots, l$，$x \in \mathbf{R}^d$，对应的期望输出为 $y_i \in \{+1, -1\}$，其中 +1 和 −1 分别代表两类的类别标识。d 维空间中线性判别函数的一般形式为 $g(x) = w \cdot x + b$，分类面方程为 $w \cdot x + b = 0$。将判别函数进行归一化，使得两类所有样本都满足 $\|g(x)\| \geq 1$，即使离分类面最近的样本的 $\|g(x)\| = 1$。为了使分类面对所有样本正确分类并且具备最大的分类间隔，就要求它满足约束式（7.1）：

$$\left. \begin{array}{ll} w \cdot x_i + b \geq +1 & \text{for } y_i = +1 \\ w \cdot x_i + b \leq -1 & \text{for } y_i = -1 \end{array} \right\} \leftrightarrow y_i (w \cdot x_i + b) - 1 \geq 0 \tag{7.1}$$

则两类样本的最大分类间隔为式（7.2）：

$$\min_{\{x_i | y_i = 1\}} \frac{w \cdot x_i + b}{\|w\|} - \max_{\{x_i | y_i = -1\}} \frac{w \cdot x_i + b}{\|w\|} = \frac{2}{\|w\|} \tag{7.2}$$

目标是在满足约束式（7.1）的条件下最大化分类间隔 $\dfrac{2}{\|w\|}$，即最小化 $\|w\|^2$。满足式（7.1）且使 $\dfrac{1}{2} \|w\|^2$ 最小的分类面就称为最优分类面。过两类样本中离分类面最近的点且平行于最优分类面的超平面 H_1 和 H_2 上的训练样本就是使式（7.1）等号成立的那些样本，它们称为支持向量。支持向量是训练集中的某些训练点，这些点最靠近分类决策面，是最难分类的数据点，在支持向量机的运行中起着主导作用。如果去掉或者移动所有除支持向量之外的其他训练样本点（移动位置，但是不穿越 H_1 或 H_2），再重新进行训练，得到的分类面是相同的。

求解最优超平面问题可以表示成如下的约束优化问题，如式（7.3）：

$$\begin{cases} \min \ \dfrac{1}{2} \|w\|^2 \\ \text{s.t.} \ \ y_i (w \cdot x_i + b) - 1 \geq 0 \end{cases} \tag{7.3}$$

对于不等式约束的条件极值问题，可以用拉格朗日方法求解。而拉格朗日方程的构造规则是：用约束方程乘以非负的拉格朗日系数，然后再从目标函数中减去。于是得到拉格朗日方程，如式（7.4）：

$$L(\boldsymbol{w},b,\boldsymbol{\alpha}) = \frac{1}{2}\|\boldsymbol{w}\|^2 - \sum_{i=1}^{l}\alpha_i\big[y_i\big(\boldsymbol{w}\cdot\boldsymbol{x}_i+b\big)-1\big] = \frac{1}{2}\|\boldsymbol{w}\|^2 - \sum_{i=1}^{l}\alpha_i y_i\big(\boldsymbol{w}\cdot\boldsymbol{x}_i+b\big) + \sum_{i=1}^{l}\alpha_i \quad (7.4)$$

式中，$\boldsymbol{\alpha} = [\alpha_1,\alpha_2,\cdots,\alpha_l]^{\mathrm{T}}$ 为与每个样本对应的拉格朗日乘子向量，$\alpha_i \geqslant 0$ 为拉格朗日系数（又称拉格朗日乘子）。那么要处理的优化问题就变为式（7.5）：

$$\min_{\boldsymbol{w},b}\max_{\boldsymbol{\alpha}} L(\boldsymbol{w},b,\boldsymbol{\alpha}) \quad (7.5)$$

式（7.5）描述的优化问题，直接求解是有难度的，通过消去拉格朗日系数来化简方程，对问题的求解没有帮助。这个问题的求解可以通过拉格朗日对偶问题来解决，为此对式（7.5）做一个等价变换：

$$\min_{\boldsymbol{w},b}\max_{\boldsymbol{\alpha}} L(\boldsymbol{w},b,\boldsymbol{\alpha}) = \max_{\boldsymbol{\alpha}}\min_{\boldsymbol{w},b} L(\boldsymbol{w},b,\boldsymbol{\alpha}) \quad (7.6)$$

上式即为对偶变换，这样就把原始问题转换成了对偶问题，如式（7.7）：

$$\max_{\boldsymbol{\alpha}}\min_{\boldsymbol{w},b} L(\boldsymbol{w},b,\boldsymbol{\alpha}) \quad (7.7)$$

原始问题的对偶问题是极大极小问题。先求 $\min_{\boldsymbol{w},b} L(\boldsymbol{w},b,\boldsymbol{\alpha})$，当拉格朗日函数 $L(\boldsymbol{w},b,\boldsymbol{\alpha})$ 取极小值时，该函数对 $\boldsymbol{w}$ 和 b 的偏导等于 0，则有：

$$\frac{\partial L(\boldsymbol{w},b,\boldsymbol{\alpha})}{\partial \boldsymbol{w}} = \boldsymbol{w} - \sum_{i=1}^{l}\alpha_i y_i \boldsymbol{x}_i = 0 \quad (7.8)$$

$$\frac{\partial L}{\partial b} = -\sum_{i=1}^{l}\alpha_i y_i = 0 \quad (7.9)$$

式中，$\alpha_i \geqslant 0$, $i=1,2,\cdots,l$，求得：

$$\boldsymbol{w} = \sum_{i=1}^{l}\alpha_i y_i \boldsymbol{x}_i \quad (7.10)$$

$$\sum_{i=1}^{l}\alpha_i y_i = 0 \quad (7.11)$$

再对 $\min_{\boldsymbol{w},b} L(\boldsymbol{w},b,\boldsymbol{\alpha})$ 求极大值 $\max_{\boldsymbol{\alpha}}(\min_{\boldsymbol{w},b} L(\boldsymbol{w},b,\boldsymbol{\alpha}))$。将式（7.10）和式（7.11）代回式（7.4）中，可得：

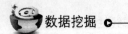

$$W(\boldsymbol{\alpha}) = \min_{\boldsymbol{w},b} L(\boldsymbol{w},b,\boldsymbol{\alpha}) = \frac{1}{2}\|\boldsymbol{w}\|^2 - \boldsymbol{w}\cdot\sum_{i=1}^{l}\alpha_i y_i \boldsymbol{x}_i - b\sum_{i=1}^{l}\alpha_i y_i + \sum_{i=1}^{l}\alpha_i$$

$$= \frac{1}{2}\|\boldsymbol{w}\|^2 - \boldsymbol{w}\cdot\boldsymbol{w} - b\cdot 0 + \sum_{i=1}^{l}\alpha_i = \sum_{i=1}^{l}\alpha_i - \frac{1}{2}\|\boldsymbol{w}\|^2 \qquad (7.12)$$

$$= \sum_{i=1}^{l}\alpha_i - \frac{1}{2}\sum_{i,j=1}^{l}\alpha_i\alpha_j y_i y_j\left(\boldsymbol{x}_i\cdot\boldsymbol{x}_j\right)$$

于是极大值问题 $\max\limits_{\boldsymbol{\alpha}}\left(\min\limits_{\boldsymbol{w},b} L(\boldsymbol{w},b,\boldsymbol{\alpha})\right)$ 可以描述为：

$$\begin{cases} \max\limits_{\boldsymbol{\alpha}}\left\{\sum\limits_{i=1}^{l}\alpha_i - \dfrac{1}{2}\sum\limits_{i,j=1}^{l}\alpha_i\alpha_j y_i y_j\left(\boldsymbol{x}_i\cdot\boldsymbol{x}_j\right)\right\} \\[2mm] \text{s.t. } \sum\limits_{i=1}^{l}\alpha_i y_i = 0 \\[2mm] \alpha_i \geqslant 0, \ \ i=1,2,\cdots,l \end{cases} \qquad (7.13)$$

如果 $\boldsymbol{\alpha}^* = \left[\alpha_1^*,\alpha_2^*,\cdots,\alpha_l^*\right]^{\mathrm{T}}$ 为该优化问题的最优解，由式（7.10）可得：

$$\boldsymbol{w}^* = \sum_{i=1}^{l}\alpha_i^* y_i \boldsymbol{x}_i \qquad (7.14)$$

即最优超平面的权系数向量是训练样本向量的线性组合。

由于 $\boldsymbol{\alpha}^*$ 不是零向量（若它为零向量，则 $\boldsymbol{w}^*$ 也为零向量，没有实际应用价值），则存在有个 j 使得 $\alpha_j^* > 0$。根据 $\alpha_j^*\left\{y_j\left[\left(\boldsymbol{w}^*\cdot\boldsymbol{x}_j\right)+b^*\right]-1\right\}=0$（拉格朗日函数极小值条件），此时必有 $y_j\left[\left(\boldsymbol{w}^*\cdot\boldsymbol{x}_j\right)+b^*\right]-1=0$。同时考虑 $y_j^2=1$，得到：

$$b^* = y_j - \sum_{i=1}^{l}\alpha_i^* y_i\left(\boldsymbol{x}_i\cdot\boldsymbol{x}_j\right) \qquad (7.15)$$

b^* 是分类的阈值。对多数样本 α_i^* 将为零，取值不为零的 α_i^* 对应于式（7.1）中等号成立的样本，即支持向量，它们通常只是全部样本中很少的一部分。

于是可以得到最大间隔分类超平面 $\boldsymbol{w}^*\cdot\boldsymbol{x}+b^*=0$ 为：

$$\sum_{i=1}^{l}\alpha_i^* y_i\left(\boldsymbol{x}_i\cdot\boldsymbol{x}\right)+b^*=0 \qquad (7.16)$$

求解上述问题后得到的最优分类函数是：

$$f(\boldsymbol{x}) = \mathrm{sgn}\left\{\left(\boldsymbol{w}^* \cdot \boldsymbol{x}\right) + b^*\right\} = \mathrm{sgn}\left\{\sum_{i=1}^{l} \alpha_i^* y_i \left(\boldsymbol{x}_i \cdot \boldsymbol{x}\right) + b^*\right\} \tag{7.17}$$

由于非支持向量对应的 α_i^* 均为零，因此上式的求和实际上只需考虑支持向量即可。

若训练样本集是线性不可分的，或事先不知道它是否线性可分，将允许存在一些错分类的点，此时在式（7.1）中引入一个非负松弛变量 $\xi_i \geqslant 0$, $i = 1, 2, \cdots, l$。此时约束条件就变为：

$$y_i \left[\left(\boldsymbol{w} \cdot \boldsymbol{x}_i\right) + b\right] \geqslant 1 - \xi_i, \ \xi_i \geqslant 0, \ i = 1, 2, \cdots, l \tag{7.18}$$

因此，
$$\phi(\boldsymbol{w}, \xi) = \frac{1}{2}(\boldsymbol{w} \cdot \boldsymbol{w}) + C\left(\sum_{i=1}^{l} \xi_i\right) \tag{7.19}$$

即折中考虑最少错分样本和最大分类间隔，就得到了线性不可分情况下的最优超平面，称作广义最优超平面。其中 $C > 0$ 是一个用户自定义的惩罚因子，它的作用是控制对错分样本的惩罚程度，实现在错分样本的比例与算法复杂度之间的折中，C 越大对误分类的惩罚越重，C 越小对误分类的惩罚越小，这个值的选择依赖于经验或通过实验确定。

线性不可分情况和线性可分情况的差别就在于可分模式中的式（7.13）中的约束条件 $\alpha_i \geqslant 0$ 在不可分模式中换成了更严格的条件 $0 \leqslant \alpha_i \leqslant C$。在式（7.18）和式（7.19）中对所有令 $\xi_i = 0$ 就得到相应的线性可分的情形，因此线性可分只是线性不可分的特例。

7.2.2 非线性支持向量机

在输入空间中构造最优分类面的方法仅仅是当所分类的样本能够线性分开才可以，但实际应用中很多都是不能够线性分开的，这就要采用另一种分类方法：非线性支持向量机的方法。

非线性支持向量机的主要思想是通过非线性映射 $\phi : \mathbf{R}^n \rightarrow H$ 将低维空间中线性不可分的数据映射到一个高维特征空间 H 中，以使在原空间中线性不可分的问题变成线性可分或近似线性可分的问题，然后在高维特征空间中，设计线性支持向量机。通过解约束优化问题，构造出最优分类超平面 $f(\boldsymbol{x}) = \boldsymbol{w} \cdot \phi(\boldsymbol{x}) + b$，其中，$\boldsymbol{w}$ 是特征空间中分类超平面的系数向量，b 是分类面的阈值。

由于特征空间 H 的维数一般很大，直接计算易导致"维数灾难"的问题。然而由于 $\boldsymbol{w} = \sum_{i=1}^{l} \alpha_i y_i \phi(\boldsymbol{x}_i)$，所以在特征空间中构造最优超平面时，训练算法仅使用特征空间中的点积，即 $\phi(\boldsymbol{x}_i) \cdot \phi(\boldsymbol{x}_j)$。支持向量机通过定义核函数，即 $K(\boldsymbol{x}_i, \boldsymbol{x}_j) = \phi(\boldsymbol{x}_i) \cdot \phi(\boldsymbol{x}_j)$，

巧妙地将高维特征空间中的内积运算转化到输入空间中的核函数运算。通过引入核函数，无须知道样本信息从原始空间映射到特征空间这一复杂的过程，只要选择满足 Mercer 条件的（非线性或线性）核函数就能够把高维特征空间中的点积运算转化为低维输入空间的核函数运算，从而避免了在高维空间中直接计算的难题，较好地解决了"维数灾难"问题。

图 7.2 表示了对二维样本进行分类，用二阶多项式作为映射函数的变换过程。通过非线性映射函数 ϕ，将输入空间的样本 $\boldsymbol{x}$ 映射到高维的特征向量空间中，可以把输入空间线性不可分的问题在特征空间中转化为线性可分的问题。在图 7.2（a）中，原始二维空间中必须要用一个曲线形的非线性分类器才能分开，而通过二阶多项式变换将数据映射到三维特征空间中如图 7.2（b）所示，可以看出两类数据用一个线性的分类面就可以分开，这里的分类面就是特征空间的一个超平面。

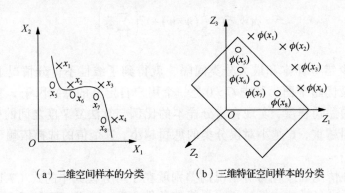

（a）二维空间样本的分类　　　　（b）三维特征空间样本的分类

图 7.2　支持向量机用于二维样本分类的例子

设训练样本输入空间的维数为 d，$\left\{\varphi_j(\boldsymbol{x})\right\}_{j=1}^m$ 表示从输入空间到特征空间的一个非线性变换的集合，m 是特征空间的维数。由此可定义一个特征空间中充当决策面的超平面：

$$\sum_{j=1}^m w_j \varphi_j(\boldsymbol{x}) + b = 0 \tag{7.20}$$

若令 $\boldsymbol{w}=[w_1,w_2,\cdots,w_m]^{\mathrm{T}}$，$\boldsymbol{\phi}(\boldsymbol{x})=[\varphi_1(\boldsymbol{x}),\varphi_2(\boldsymbol{x}),\cdots,\varphi_m(\boldsymbol{x})]^{\mathrm{T}}$，则决策超平面可以写成如下形式：

$$\boldsymbol{w}^{\mathrm{T}}\boldsymbol{\phi}(\boldsymbol{x}) + b = 0 \tag{7.21}$$

此时，式（7.12）所示的对偶形式的目标函数变为：

$$W(\boldsymbol{\alpha}) = \sum_{i=1}^l \alpha_i - \frac{1}{2}\sum_{i,j=1}^l \alpha_i \alpha_j y_i y_j K(\boldsymbol{x}_i, \boldsymbol{x}_j) \tag{7.22}$$

如果 α_i^* 为最优解，那么：

$$w^* = \sum_{i=1}^{l} \alpha_i^* y_i \phi(x_i) \qquad (7.23)$$

相应的最优分类函数就变为：

$$f(x) = \mathrm{sgn}\left\{\left(w^* \cdot \phi(x)\right) + b^*\right\} = \mathrm{sgn}\left\{\sum_{i=1}^{l} y_i \alpha_i^* K(x_i, x) + b^*\right\} \qquad (7.24)$$

由于非支持向量对应的 α_i^* 均为零，因此上式的求和实际上只需考虑支持向量即可。最终的最优分类函数实际只包含与支持向量的内积以及求和，因此识别时的计算复杂度取决于支持向量的个数。

支持向量机求得的分类函数形式上类似于一个神经网络，输出是中间层结点的线性组合，每个中间结点对应于输入样本与一个支持向量的内积，支持向量机原理图结构如图 7.3 所示。其中输入向量 $x = (x_1, x_2, \cdots, x_d)$，共有 s 个支持向量 $x_i, i = 1, 2, \cdots, s$。

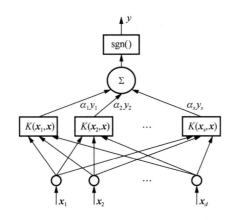

图 7.3　支持向量机原理结构图

在支持向量机中，几种常用的核函数是：

1）线性核函数

$$K(x, x_i) = x \cdot x_i \qquad (7.25)$$

线性核主要用于线性可分的情况，可以看到输入空间和特征空间的维数是一样的，其参数少，速度快，对于线性可分数据，其分类效果很理想。

2）多项式核函数

$$K(x, x_i) = \left[\left(x \cdot x_i\right) + 1\right]^q \qquad (7.26)$$

此时得到的支持向量机是一个 q 阶多项式分类器。其中 q 是由用户决定的参数。多项式核函数为全局核函数。多项式核函数可以实现将低维的输入空间映射到高维的特征空间，但是多项式核函数的参数多，当多项式的阶数比较高时，核矩阵的元素值将趋于无穷大或者无穷小，计算复杂度会大到无法计算。

3）Gauss 核函数

$$K(\boldsymbol{x}, \boldsymbol{x}_i) = \exp\left\{-\frac{\|\boldsymbol{x} - \boldsymbol{x}_i\|^2}{2\sigma^2}\right\} \qquad (7.27)$$

此时得到的支持向量机是一种径向基函数分类器。其中 σ 是由用户决定的核宽度。它与传统径向基函数方法的基本区别是：这里的每一个基函数的中心对应于一个支持向量，它们及输出权值都是由算法自动确定的。高斯径向基函数是一种局部性强的核函数，其可以将一个样本映射到一个更高维的空间内，该核函数是应用最广的一个，无论大样本还是小样本都有比较好的性能，而且其相对于多项式核函数参数要少，因此大多数情况下在不知道用什么核函数时，优先使用高斯核函数。

4）Sigmoid 核函数

$$K(\boldsymbol{x}, \boldsymbol{x}_i) = \tanh\left(v(\boldsymbol{x} \cdot \boldsymbol{x}_i) + c\right) \qquad (7.28)$$

采用该核函数的支持向量机是一个单隐层感知器神经网络，只是在这里不但隐含层结点数目（它确定神经网络的结构），而且隐含层结点对输入结点的权值都是由算法自动确定的。而且支持向量机的理论基础决定了它最终求得的是全局最优值而不是局部最小值，也保证了它对于未知样本的良好泛化能力而不会出现过学习现象。

在选取核函数解决实际问题时，通常采用的方法如下：

（1）可以利用专家先验知识预先选定核函数，例如已经知道问题是线性可分的，就可以使用线性核，不必选用非线性核。

（2）利用交叉验证，试用不同的核函数，误差最小的即为效果最好的核函数。

（3）混合核函数方法，将不同的核函数结合起来。

7.2.3 支持向量机回归预测

回归预测是把预测的相关性原则作为基础，把影响预测目标的各因素找出来，然后找出这些影响因素和预测目标之间的函数关系的近似表达，并且用数学的方法找出来。再利用样本数据对其模型估计参数，并且对模型进行误差检验。如果模型确定，就可以用模型进行预测分析。

支持向量机方法是通过分类问题提出的，但它同样也可以应用到回归分析中。支持向量机用在回归分析时，同样具有很好的性能。同分类问题一样，支持向量机回归有线性回归和非线性回归。

1）线性回归

对于线性回归，考虑用线性回归函数：

$$y = f(\boldsymbol{x}) = \boldsymbol{w} \cdot \boldsymbol{x} + b \qquad (7.29)$$

式中，$\boldsymbol{w}$ 和 b 分别为线性回归函数的法向量和偏移量。

拟合数据 $\{(\boldsymbol{x}_i, y_i)\}_{i=1}^l$ 时，设所有的训练数据可以在精度 ε 下无误差地用线性函数拟合，即

$$\begin{cases} y_i - \boldsymbol{w} \cdot \boldsymbol{x}_i - b \leqslant \varepsilon \\ \boldsymbol{w} \cdot \boldsymbol{x}_i + b - y_i \leqslant \varepsilon \end{cases} \quad i = 1, 2, \cdots, l \qquad (7.30)$$

$\varepsilon > 0$ 为与函数估计精度直接相关的设计参数，该 ε 不敏感损失函数又称为 ε 管道。学习的目的是构造 $f(\boldsymbol{x})$，使之与目标值之间的距离小于 ε。也就是说对输入样本 $\boldsymbol{x}_i$，允许回归模型输出 $f(\boldsymbol{x}_i)$ 与实际输出 y_i 之间最多有 ε 的偏差。仅当 $|f(\boldsymbol{x}_i) - y_i| > \varepsilon$ 时，才计算损失；当 $|f(\boldsymbol{x}_i) - y_i| \leqslant \varepsilon$ 时，预测正确。

与最大分类面中最大分类间隔相似，优化目标为最小化 $\frac{1}{2}\|\boldsymbol{w}\|^2$。在不能满足上述约束条件时，可以引入松弛变量 ξ_i 和 ξ_i^*，优化目标函数变为最小化：

$$\phi(\boldsymbol{w}, \xi_i, \xi_i^*) = \frac{1}{2}\|\boldsymbol{w}\|^2 + C\sum_{i=1}^l (\xi_i + \xi_i^*) \qquad (7.31)$$

优化目标函数的第一项使得函数更为平坦，提高了泛化能力，第二项则为减少误差。优化目标函数需要满足以下约束条件：

$$\begin{cases} y_i - \boldsymbol{w} \cdot \phi(\boldsymbol{x}_i) - b \leqslant \varepsilon + \xi_i \\ \boldsymbol{w} \cdot \phi(\boldsymbol{x}_i) + b - y_i \leqslant \varepsilon + \xi_i^* \end{cases} \qquad (7.32)$$

$$C > 0, \quad \xi_i, \ \xi_i^* \geqslant 0, \quad i = 1, 2, \cdots, l$$

ε 为回归允许最大误差，用于控制回归逼近误差管道的大小，从而控制支持向量的个数和泛化能力。ε 取得小，回归估计精度高，但支持向量数增多；ε 取得大，回归估计精度降低，但支持向量数少。常数 C 为惩罚系数，控制对超出误差 ε 的样本的惩罚程度。C 取得过小，训练误差变大，系统的泛化能力变差；C 取得过大，也会导致系统的泛化能力变差。

用拉格朗日乘子法求解这个有约束条件的二次规划，可以得到其对偶最优化问题。对拉格朗日乘子 α_i 和 α_i^* 最大化目标函数。

$$W(\alpha_i, \alpha_i^*) = \sum_{i=1}^l y_i(\alpha_i - \alpha_i^*) - \varepsilon \sum_{i=1}^l (\alpha_i + \alpha_i^*) - \frac{1}{2}\sum_{i=1}^l \sum_{j=1}^l (\alpha_i - \alpha_i^*)(\alpha_j - \alpha_j^*)(\boldsymbol{x}_i \cdot \boldsymbol{x}_j) \qquad (7.33)$$

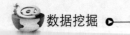

满足约束条件：

$$\sum_{i=1}^{l} (\alpha_i - \alpha_i^*) = 0, \ 0 \leqslant \alpha_i, \alpha_i^* \leqslant C, \ i = 1, 2, \cdots, l \qquad (7.34)$$

得回归函数为：

$$f(\boldsymbol{x}) = \boldsymbol{w} \cdot \boldsymbol{x} + b = \sum_{i=1}^{l} (\alpha_i - \alpha_i^*)(\boldsymbol{x}_i \cdot \boldsymbol{x}) + b \qquad (7.35)$$

与分类问题的支持向量机方法一样，这里的 $\alpha_i - \alpha_i^*$ 也只有小部分不为 0，它们对应的样本点就是支持向量（Support Vector，SV）。则回归估计函数表达式可写成

$$f(\boldsymbol{x}) = \sum_{\boldsymbol{x}_i \in SV} (\alpha_i - \alpha_i^*)(\boldsymbol{x}_i \cdot \boldsymbol{x}) + b \qquad (7.36)$$

2）非线性回归

对于非线性支持向量机回归，它是利用非线性映射 ϕ 将训练集中的样本数据 $\boldsymbol{x}$ 映射到一个高维特征空间，使得在输入空间中的非线性函数估计问题转化为高维特征空间中的线性函数估计问题。

在非线性情况下，估计函数 f 的形式如下：

$$y = f(\boldsymbol{x}) = \boldsymbol{w} \cdot \phi(\boldsymbol{x}) + b \qquad (7.37)$$

式中，b 为偏置量，$\boldsymbol{w}$ 为权值。

拟合数据 $\left\{(\boldsymbol{x}_i, y_i)\right\}_{i=1}^{l}$ 时，设所有的训练数据可以在精度 ε 下无误差地用非线性函数拟合，即

$$\begin{cases} y_i - \boldsymbol{w} \cdot \phi(\boldsymbol{x}_i) - b \leqslant \varepsilon \\ \boldsymbol{w} \cdot \phi(\boldsymbol{x}_i) + b - y_i \leqslant \varepsilon \end{cases} \quad i = 1, 2, \cdots, l \qquad (7.38)$$

优化目标为最小化 $\frac{1}{2}\|\boldsymbol{w}\|^2$。在不能满足上述约束条件时，可以引入松弛变量 ξ_i 和 ξ_i^*，优化目标函数变为最小化：

$$\phi(\boldsymbol{w}, \xi_i, \xi_i^*) = \frac{1}{2}\|\boldsymbol{w}\|^2 + C\sum_{i=1}^{l}(\xi_i + \xi_i^*) \qquad (7.39)$$

满足约束条件：
$$\begin{cases} y_i - \boldsymbol{w} \cdot \phi(\boldsymbol{x}_i) - b \leqslant \varepsilon + \xi_i \\ \boldsymbol{w} \cdot \phi(\boldsymbol{x}_i) + b - y_i \leqslant \varepsilon + \xi_i^* \end{cases} \qquad (7.40)$$
$$C > 0, \quad \xi_i, \xi_i^* \geqslant 0, \quad i = 1, 2, \cdots, l$$

式中 C 为惩罚系数, C 越大表示对超出 ε 管道数据点的惩罚越大。采用同样的优化方法可以得到其对偶最优化问题。

对拉格朗日乘子 α_i 和 α_i^* 最大化目标函数:

$$W(\alpha_i, \alpha_i^*) = \sum_{i=1}^{l} y_i(\alpha_i - \alpha_i^*) - \varepsilon \sum_{i=1}^{l}(\alpha_i + \alpha_i^*) - \frac{1}{2}\sum_{i=1}^{l}\sum_{j=1}^{l}(\alpha_i - \alpha_i^*)(\alpha_j - \alpha_j^*)K(\boldsymbol{x}_i, \boldsymbol{x}_j) \qquad (7.41)$$

满足约束条件:

$$\sum_{i=1}^{l}(\alpha_i - \alpha_i^*) = 0, \ 0 \leqslant \alpha_i, \alpha_i^* \leqslant C, \ i = 1, 2, \cdots, l \qquad (7.42)$$

得回归函数为:

$$f(\boldsymbol{x}) = \sum_{\boldsymbol{x}_i \in SV}(\alpha_i - \alpha_i^*)K(\boldsymbol{x}_i, \boldsymbol{x}) + b \qquad (7.43)$$

前面介绍的标准支持向量机中,通过参数 ε 控制回归的精度,称为 ε-支持向量机回归(ε-Support vector regression, ε-SVR)。在具体应用中, ε 取多少才能达到所期望的估计精度是不明确的。因此,尽管想实现高精度估计,但具体 ε 应选多少是难以把握的。在 Schölkoph 和 Smola 提出的 ν-支持向量机回归(ν-Support vector regression, ν-SVR)中,引入反映超出 ε 管道之外样本数据点(即边界支持向量数量)和支持向量数的新参数 ν ,从而简化 SVM 的参数调节。

在 ν-SVR 中,优化目标函数变为最小化:

$$\phi(\boldsymbol{w}, \xi_i, \xi_i^*) = \frac{1}{2}\|\boldsymbol{w}\|^2 + C\left(\nu\varepsilon + \frac{1}{l}\sum_{i=1}^{l}(\xi_i + \xi_i^*)\right) \qquad (7.44)$$

满足约束条件:

$$\begin{cases} y_i - \boldsymbol{w} \cdot \phi(\boldsymbol{x}_i) - b \leqslant \varepsilon + \xi_i \\ \boldsymbol{w} \cdot \phi(\boldsymbol{x}_i) + b - y_i \leqslant \varepsilon + \xi_i^* \end{cases} \qquad (7.45)$$
$$C > 0, \ \varepsilon > 0, \ \xi_i, \xi_i^* \geqslant 0, \ i = 1, 2, \cdots, l$$

可以得到其对偶最优化问题。对 Lagrange 乘子 α_i 和 α_i^* 最大化目标函数:

$$W(\alpha_i, \alpha_i^*) = \sum_{i=1}^{l} y_i(\alpha_i - \alpha_i^*) - \frac{1}{2}\sum_{i=1}^{l}\sum_{j=1}^{l}(\alpha_i - \alpha_i^*)(\alpha_j - \alpha_j^*)K(\boldsymbol{x}_i, \boldsymbol{x}_j) \qquad (7.46)$$

满足约束条件：

$$\sum_{i=1}^{l}(\alpha_i - \alpha_i^*) = 0 \quad 0 \leqslant \alpha_i, \alpha_i^* \leqslant \frac{C}{l}, \ i = 1, 2, \cdots, l$$

$$\sum_{i=1}^{l}(\alpha_i + \alpha_i^*) \leqslant Cv$$

（7.47）

由于在优化求解过程中不需要 ε 的值，因此不需要预先规定 ε 取值。

7.2.4　基于支持向量机的预测分析

监督式学习是机器学习的一个分支，可以通过训练样本而建立起一个输入和输出之间的函数，并以此对新的事件进行预测。支持向量机是监督学习中一种常用的学习方法。支持向量机既可用于分类预测，也可用作数值预测，通过寻找有代表性的关键点（支持向量），并以少的支持向量（代替原始数据样本）建立预测模型，使模型的外延预测能力增强，并且解决了神经网络方法中易陷入局部最小点、精度和泛化能力不可调和的矛盾，在预测方面有着广泛的应用。

支持向量机出现以来，理论和运用都得到了发展，可以根据实际预测问题，采取相应的支持向量机。支持向量机的类型除了常规支持向量机、最小二乘支持向量机、加权支持向量机，还有结构可调的支持向量机、C-SVM、v-SVM、F-SVM 等，故可根据不同的实际情况采取适合的支持向量机方法进行预测分析。

例 7.1　新疆伊犁河雅马渡水文站 1953—1975 年共 23 年的实测年径流量 y 与其相应的 4 个影响因子数据见表 7.1，现对该站的年径流量进行预测。

表中 a_1、a_2、a_3、a_4 四个影响因子，分别为前一年 11 月到当年 3 月伊犁气象站的总降雨量（mm）、前一年 8 月欧亚地区月平均纬向环流指数、前一年 5 月欧亚地区月平均径向环流指数和前一年 6 月 2 800 MHz 太阳射电流量（单位为 10^{-22} W/(m^2·Hz)）。

表 7.1　新疆伊犁河雅马渡站实测年径流量与影响因子数据

年份	a_1	a_2	a_3	a_4	y	年份	a_1	a_2	a_3	a_4	y
1953	114.6	0.96	0.71	85.0	346	1965	55.3	0.96	0.4	69.0	300
1954	132.4	0.97	0.54	73.0	410	1966	152.1	1.04	0.49	77.0	433
1955	103.5	0.96	0.66	67.0	385	1967	81.0	1.08	0.54	96.0	336
1956	179.3	0.88	0.59	89.0	446	1968	29.8	0.83	0.49	120	289
1957	92.7	1.15	0.44	154	0	1969	248.6	0.79	0.5	147	483
1958	115.0	0.74	0.65	252.0	453	1970	64.9	0.59	0.5	167	402
1959	163.6	0.85	0.58	220.0	495	1971	95.7	1.02	0.48	160	384
1960	139.5	0.70	0.59	217.0	478	1972	89.9	0.96	0.39	105	314
1961	76.7	0.95	0.51	162.0	341	1973	121.8	0.83	0.60	140	401
1962	42.1	1.08	0.47	110.0	326	1974	78.5	0.89	0.44	94	280
1963	77.8	1.19	0.57	91.0	364	1975	0.0	0.95	0.43	89	301
1964	100.6	0.82	0.59	83.0	456						

采用支持向量机建立新疆伊犁河雅马渡站年径流量的预测模型,利用 a_1、a_2、a_3、a_4 四个影响因子和实测年径流量数据对支持向量机进行训练,训练好的支持向量机可以实现对新疆伊犁河雅马渡站年径流量的预测。

用 LIBSVM 软件包进行支持向量机回归预测,SVM 类型设置为 ε-SVR,核函数类型为径向基核函数 $\exp(-\text{gamma}|u-v|^2)$,$\varepsilon$-SVR 中的惩罚系数 C 设置为 200,核函数中的 gamma 函数设置为 2.8,ε-SVR 中损失函数 ε 的值设置为 0.01 时,利用训练样本建立回归预测模型,并用所建立的预测模型进行回归预测分析,如图 7.4 所示,得到新疆伊犁河雅马渡站年径流量的预测值与原始值比较吻合。

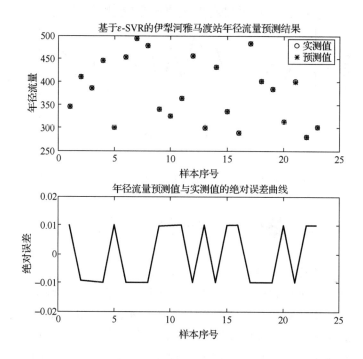

图 7.4　基于 ε-SVR 的年径流量的预测结果与绝对误差曲线

SVM 类型设置为 ν-SVR,核函数类型为径向基核函数 $\exp(-\text{gamma}|u-v|^2)$,$\nu$-SVR 中的惩罚系数 C 设置为 200,核函数中的 gamma 函数设置为 2.8 时,核函数中的参数 ν 设置为 0.5,利用训练样本建立回归预测模型,并用所建立的回归模型进行回归预测分析,如图 7.5 所示。与前一次使用 ε-SVR 方式所建立回归模型数据相比,ν-SVR 方式得到的回归模型数据与原始数据曲线之间吻合效果更好。

基于支持向量机方法的回归预测以可控的精度逼近任一非线性函数,同时具有全局最优、良好的泛化能力等优越性能,因此支持向量机的应用非常广泛。但是在实践中,支持向量机也有它自己的缺陷。核函数的选择仍然是个未解决的问题,很多具体领域的问题求解中核函数的选择或者核函数的参数确定往往依赖于人的经验甚至盲目搜索。

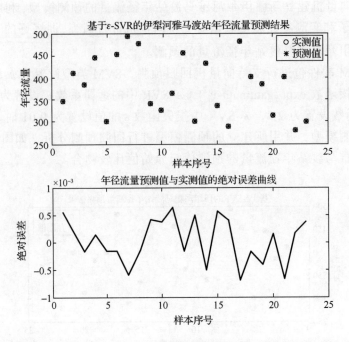

图 7.5　基于 v –SVR 的年径流量的预测结果与绝对误差曲线

7.3 神经网络

人工神经网络，又称神经网络，是由大量处理单元（神经元）广泛互联而成的网络，是对人脑的抽象、简化和模拟，反映人脑的基本特性。神经网络具有很强的健壮性和容错性，善于联想、概括、类比和推广。神经网络能够充分逼近复杂的非线性映射，能够学习和适应不确定系统的动态特性，能采用并行分布处理算法快速进行实时运算，因此神经网络成为对非线性系统建立预测模型和优化控制的关键技术之一。

大数据时代，一方面，传统方法无法处理体量浩大、多源异构、变化快速的数据，提取稀疏而珍贵的价值，神经网络具有强大的特征提取与抽象能力，能够整合多源信息，处理异构数据，捕捉变化动态，是大数据实现价值转化的桥梁。

另一方面，体量浩大的大数据为神经网络提供了充足的训练样本，使得训练越来越大规模的神经网络成为可能，随着硬件技术发展和计算能力的提升，训练大规模神经网络处理大数据的速度不断提高。神经网络与大数据双剑合璧，成为人工智能、大数据、认知科学、神经科学等学科跨领域的前沿热点研究问题。

7.3.1 人工神经网络模型与分类

1. 人工神经网络模型

人工神经网络是通过模仿生物的神经网络实现信息处理的一种数学模型。其目的是通过模拟生物大脑的生理机制，从而实现想要获得的特定的功能。人工神经元是对生物神经元的一种模拟与简化。它是人工神经网络的基本处理单元。一般来说，作为神经元模型应具备三个要素：

（1）具有一组突触或连接，常用 w_{ij} 表示神经元 i 和神经元 j 之间的连接强度，或称之为权值，与人脑神经元不同，人工神经元权值的取值可在负值和正值之间。

（2）具有反映生物神经元时空整合功能的输入信号累加器。

（3）具有一个激活函数，用于限制神经元的输出。激活函数将输出信号压缩（限制）在一个允许范围内，使其成为有限值。通常，神经元输出的扩充范围在 [0,1] 或 [−1,1] 闭区间。

一个典型的人工神经元模型如图 7.6 所示。

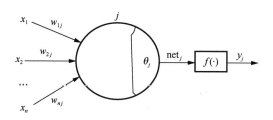

图 7.6　人工神经元模型

图 7.6 为一个含有多个输入单元和一个输出单元的非线性元件，各神经元之间的关系可以用式（7.48）来表示：

$$\begin{cases} \text{net}_j = \sum_{i=1}^{n} w_{ij} x_i - \theta_j \\ y_j = f(\text{net}_j) \end{cases} \tag{7.48}$$

式中，$x_i(i=1,2,\cdots,N)$ 是其他神经元传来的输入信号；w_{ij} 为从神经元 i 到神经元 j 的连接权值；net_j 为神经元 j 的净输入；θ_j 为神经元的阈值或称为偏差；$f(\cdot)$ 为激活函数，y_j 为神经元 j 的输出。

激活函数 $f(\cdot)$ 的选取是构建神经网络过程中的重要环节，常用的基本激活函数有：

① 阈值函数，如式（7.49）。

$$f(\text{net}) = \begin{cases} 1, \text{net} \geq 0 \\ 0, \text{net} < 0 \end{cases} \tag{7.49}$$

该函数通常也称阶跃函数。若激活函数采用阶跃函数，则图 7.6 中这种"阈值加权和"的神经元模型称为 M–P 模型（McCulloch-Pitts Model）。此时，若神经元的净输入 net 为正，神经元的输出为 1，称该神经元处于激活状态或兴奋状态，若净输入 net 为负，神经元的输出为 0，则称该神经元处于抑制状态。

此外，符号函数 sgn() 也常常作为神经元的激活函数，满足以下关系：

$$\text{sgn}(\text{net}) = \begin{cases} 1, & \text{net} \geq 0 \\ -1, & \text{net} < 0 \end{cases} \qquad (7.50)$$

② 分段线性函数，如式（7.51）。

$$f(\text{net}) = \begin{cases} 1, & \text{net} \geq +1 \\ \text{net}, & -1 < \text{net} < +1 \\ -1, & \text{net} \leq -1 \end{cases} \qquad (7.51)$$

③ S 型函数（Sigmoid 函数），如式（7.52）。

$$f(\text{net}) = \frac{1}{1 + e^{-\text{net}/T}} \qquad (7.52)$$

④ 双极 S 型函数，如式（7.53）。

$$f(\text{net}) = \frac{2}{1 + e^{-\text{net}/T}} - 1 \qquad (7.53)$$

S 型函数与双极 S 型函数都属于非线性激活函数，两者的主要区别在于函数的值域，S 型函数值域是 $(0,1)$，双极 S 型函数值域是 $(-1,1)$。

2．人工神经网络的分类

神经网络是由大量的神经元互联而构成的网络。根据网络中神经元的互联方式，常见网络结构主要分为 3 类：

1）前馈神经网络（Feedforward Neural Networks）

前馈神经网络也称前向网络，是一种最简单的神经网络，各神经元分层排列。每个神经元只与前一层的神经元相连，接收前一层的输出，并输出给下一层，各层间没有反馈，是目前应用最广泛、发展最迅速的人工神经网络之一。

前馈神经网络采用一种单向多层结构，如图 7.7 所示。其中每一层包含若干个神经元，同一层的神经元之间没有互相连接，层间信息的传送只沿一个方向进行。其中第一层称为输入层；最后一层为输出层；中间为隐含层，简称隐层。

单层前馈神经网络是最简单的一种人工神经网络，它只包含一个输出层，输出层上结点的值（输出值）通过输入值乘以权重值直接得到。单层感知器和自适应线性元件属于单层前馈网络。多层前馈神经网络有一个输入层，中间有一个或多个隐含层，有一个输出层。单层感知器与自适应线性元件就属于前馈网络。多层感知器和径向基网络属于多层前向网络。

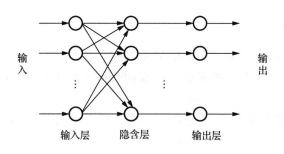

图 7.7　前馈神经网络

前馈神经网络结构简单，应用广泛，能够以任意精度逼近任意连续函数及平方可积函数。大部分前馈网络都是学习网络，其分类能力和模式识别能力一般都强于反馈网络。

2）反馈神经网络（Feedback Neural Networks）

反馈型神经网络是指在网络中至少含有一个反馈回路的神经网络，如图 7.8 所示。特点：只在输出层到输入层存在反馈，即每一个输入结点都有可能接受来自外部的输入和来自输出神经元的反馈。典型的反馈型神经网络有 Elman 网络、Hopfield 网络、玻耳兹曼机。

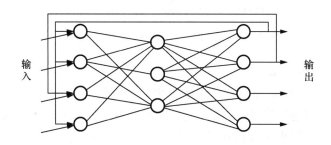

图 7.8　含有隐含层的反馈网络

3）自组织神经网络（Self-Organizing Neural Networks，SOM）

自组织神经网络是一种无导师学习网络，如图 7.9 所示。它通过自动寻找样本中的内在规律和本质属性，自组织、自适应地改变网络参数与结构。

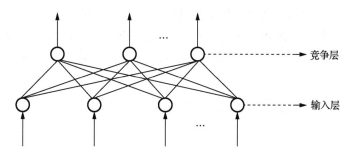

图 7.9　自组织神经网络

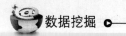

7.3.2　BP 神经网络

BP 神经网络是 1986 年由 Rumelhart 和 McCelland 为首的科学家小组提出，是一种多层前馈型神经网络，权值的调整采用反向传播（Back Propagation Algorithm，BP）算法，是目前应用最广泛的神经网络模型之一。BP 神经网络能够学习和存储大量的输入输出模式映射关系，而不需要确定描述输入输出关系的数学方程。BP 网络目前广泛应用在模式识别、函数逼近、优化计算、最优预测、系统辨识和自适应控制等领域。

BP 神经网络包含输入层、一个或多个隐层、输出层。输入信号从输入层结点传递到隐层结点，最后传递至输出结点，每一层结点的输入只跟上一层结点的输出相连。包含有一个隐层的 BP 网络结构如图 7.10 所示。

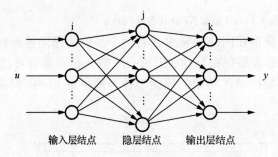

输入层结点　　隐层结点　　输出层结点

图 7.10　包含有一个隐层的 BP 网络结构

1．误差反向传播算法

BP 网络的学习算法是误差反向传播算法，实质是求取网络总误差函数的最小值问题，具体采用"最速下降法"，按误差函数的负梯度方向进行权系数的修正。具体学习算法由输入信号的正向传播和误差信号的反向传播两个过程组成。正向传播时，输入信号经过输入层、隐含层和输出层，前一层神经元只会影响到下一层神经元的状态。如果输出层的输出与期望输出之间存在误差，则进行误差信号的反向传播，这两个处理过程交替进行，按照梯度下降算法迭代更新网络的权值向量，最终使误差函数最小，从而完成信息的提取和记忆过程。

1）BP 神经网络的前向传播算法

假定存在一个三层结构的某 BP 神经网络，其中输入层有 N 个神经元结点、隐含层有 L 个神经元结点、输出层有 M 个神经元结点。BP 神经网络的输入向量为 $\boldsymbol{u}=(u_1,u_2,\cdots,u_N)^{\mathrm{T}}$，输出向量为 $\boldsymbol{y}=(y_1,y_2,\cdots,y_M)^{\mathrm{T}}$。第 j 个隐层神经元的输入为：

$$\mathrm{net}_j=\sum_{i=1}^{N}w_{ij}u_i+\theta_j,\ j=1,2,\cdots,L \tag{7.54}$$

其中，w_{ij} 为输入层神经元 i 到隐含层神经元 j 间的权值，θ_j 为隐含层神经元 j 的阈值。

设 $\varphi(\cdot)$ 为隐含层神经元的激活函数，则隐含层第 j 个神经元的输出为：

$$o_j = \phi(\text{net}_j) = \phi(\sum_{i=1}^{N} w_{ij}u_i + \theta_j)，\quad j = 1, 2, \cdots, L \tag{7.55}$$

输出层第 k 个神经元的输入：

$$\text{net}_k = \sum_{j=1}^{L} w_{jk}o_j + \theta_k,\ k = 1, 2, \cdots, M \tag{7.56}$$

式中，w_{jk} 为隐含层神经元 j 到输出层神经元 k 间的权值，θ_k 为输出层神经元 k 的阈值。

设 $\phi(\cdot)$ 为输出层神经元的激活函数，输出层第 k 个神经元的输出为：

$$y_k = \phi(\text{net}_k) = \phi(\sum_{j=1}^{L} w_{jk}o_j + \theta_k)，\quad k = 1, 2, \cdots, M \tag{7.57}$$

进行了以上所有步骤的计算，就相当于一次前向传播计算的基本完成。

2）BP 神经网络的反向传播计算

当网络输出 y 与期望输出 d 不等时，存在输出误差 E，定义如下：

$$E = \frac{1}{2}(d - y)^2 = \frac{1}{2}\sum_{k=1}^{M}(d_k - y_k)^2 \tag{7.58}$$

将以上误差展开至隐层，有：

$$E = \frac{1}{2}\sum_{k=1}^{M}[d_k - \phi(\sum_{j=1}^{L} w_{jk}o_j + \theta_k)]^2 \tag{7.59}$$

进一步展开至输入层，有：

$$E = \frac{1}{2}\sum_{k=1}^{M}\{d_k - \phi[\sum_{j=1}^{L} w_{jk}\phi(\sum_{i=1}^{N} w_{ij}u_i + \theta_j) + \theta_k]\}^2 \tag{7.60}$$

设训练样本集包含 P 个训练样本，则网络对 P 个训练样本的总体误差函数为：

$$E_{总} = \frac{1}{2}\sum_{p=1}^{P}\sum_{k=1}^{M}(d_k^{(p)} - y_k^{(P)})^2 \tag{7.61}$$

式中 $d_k^{(p)}$ 和 $y_k^{(P)}$ 分别表示输入第 p 个训练样本时，BP 网络输出层第 k 个神经元结点的期望输出和实际输出。

采用梯度下降法逐层更新网络的连接权值和阈值，使权值和阈值的调整量与误差的梯度下降成正比，即

$$\Delta w_{jk} = -\eta \frac{\partial E}{\partial w_{jk}}, \quad \Delta \theta_k = -\eta \frac{\partial E}{\partial \theta_k}, \quad \Delta w_{ij} = -\eta \frac{\partial E}{\partial w_{ij}}, \quad \Delta \theta_j = -\eta \frac{\partial E}{\partial \theta_j} \tag{7.62}$$

式中，Δw_{jk} 为隐含层到输出层的连接权值修正量，$\Delta \theta_k$ 为输出层阈值的修正量，Δw_{ij} 为输入层到隐含层的连接权值修正量，$\Delta \theta_j$ 为隐含层阈值的修正量，常数 $\eta \in (0,1)$ 为学习速率。

隐含层到输出层的连接权值调整公式为：

$$\Delta w_{jk} = -\eta \frac{\partial E}{\partial w_{jk}} = -\eta \frac{\partial E}{\partial \mathrm{net}_k} \frac{\partial \mathrm{net}_k}{\partial w_{jk}} \tag{7.63}$$

输出层阈值的调整公式为：

$$\Delta \theta_k = -\eta \frac{\partial E}{\partial \theta_k} = -\eta \frac{\partial E}{\partial \mathrm{net}_k} \frac{\partial \mathrm{net}_k}{\partial \theta_k} \tag{7.64}$$

输入层到隐含层的连接权值调整公式为：

$$\Delta w_{ij} = -\eta \frac{\partial E}{\partial w_{ij}} = -\eta \frac{\partial E}{\partial \mathrm{net}_j} \frac{\partial \mathrm{net}_j}{\partial w_{ij}} \tag{7.65}$$

隐含层阈值的调整公式为：

$$\Delta \theta_j = -\eta \frac{\partial E}{\partial \theta_j} = -\eta \frac{\partial E}{\partial \mathrm{net}_j} \frac{\partial \mathrm{net}_j}{\partial \theta_j} \tag{7.66}$$

对输出层和隐层各定义一个误差信号，令：

$$\delta_k = -\frac{\partial E}{\partial \mathrm{net}_k} = -\frac{\partial E}{\partial y_k} \frac{\partial y_k}{\partial \mathrm{net}_k} = (d_k - y_k) \phi'(\mathrm{net}_k) \tag{7.67}$$

$$\delta_j = -\frac{\partial E}{\partial \mathrm{net}_j} = -\frac{\partial E}{\partial o_j} \frac{\partial o_j}{\partial \mathrm{net}_j} = [\sum_{k=1}^{M} (d_k - y_k) \phi'(\mathrm{net}_k) w_{jk}] \phi'(\mathrm{net}_j) \tag{7.68}$$

则权值和阈值的调整公式可改写成：

$$\Delta w_{jk} = -\eta \frac{\partial E}{\partial \mathrm{net}_k} \frac{\partial \mathrm{net}_k}{\partial w_{jk}} = \eta \delta_k o_j \qquad (7.69)$$

$$\Delta \theta_k = -\eta \frac{\partial E}{\partial \mathrm{net}_k} \frac{\partial \mathrm{net}_k}{\partial \theta_k} = \eta \delta_k \qquad (7.70)$$

$$\Delta w_{ij} = -\eta \frac{\partial E}{\partial \mathrm{net}_j} \frac{\partial \mathrm{net}_j}{\partial w_{ij}} = \eta \delta_j u_i \qquad (7.71)$$

$$\Delta \theta_j = -\eta \frac{\partial E}{\partial \mathrm{net}_j} \frac{\partial \mathrm{net}_j}{\partial \theta_j} = \eta \delta_j \qquad (7.72)$$

前面推导出来的 BP 学习算法称为标准 BP 算法，其算法流程图如图 7.11 所示。

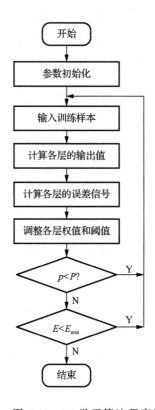

图 7.11　BP 学习算法程序流程图

标准 BP 学习算法的基本步骤如下：

步骤 1：参数初始化，随机初始化网络的权值矩阵以及阈值；初始化训练误差 $E = 0$，训练精度要求 $E_{\min}$ 设为一个正小数；设置训练样本数为 P，学习率 $0 < \eta < 1$。

步骤 2：输入训练样本，计算神经网络各层的输出向量。

步骤 3：计算网络的输出误差。

步骤 4：计算各层的误差信号。

步骤 5：调整各层的权值和阈值。

步骤 6：检查是否完成一次训练，若 $p < P$，$p = p + 1$，返回步骤 2；否则，转向步骤 7。

步骤 7：检查网络总体输出误差是否满足精度要求；若满足 $E < E_{\min}$，则训练结束；否则，令 $E = 0$，$p = 1$，返回步骤 2。

2．BP 神经网络的设计

在实际应用中，BP 网络的设计一般采用经验与具体问题相结合的方法，通过多次试验，最终选择一种较好的设计方案。

（1）网络层数

理论上已经证明，在不限制隐含层结点数的情况下，两层（只有一个隐层）的 BP 神经网络可以实现任意非线性映射。在设计 BP 神经网络时，一般先考虑设置一个隐含层，当一个隐含层的结点数很多仍不能改善网络的性能时，可以考虑再增加一个隐含层。增加隐含层个数可以提高网络的非线性映射能力，能进一步降低误差，提高训练精度，但是加大隐含层个数必将使得训练过程复杂、训练时间延长。

（2）输入层的结点数

输入层接受外部的输入数据，其结点数目取决于输入数据的维数。

（3）网络数据的预处理

为使网络训练更加有效，对神经网络的输入、输出数据进行一定的预处理可以加快网络的训练速度。一般采用的预处理方法有归一化处理、标准化处理和主成分分析。常采用的是归一化处理，即将输入、输出数据映射到 [-1,1] 范围内，训练结束后再映射到原数据范围。

（4）输出层的结点数

输出层结点数取决于两个方面：输出数据类型和表示该类型所需要的数据大小。当 BP 网络用于模式分类时，输出层的结点数可根据待分类模式数确定。

（5）隐含层的结点数

一个具有无限隐含层结点的两层 BP 网络可以实现任意从输入到输出的非线性映射。但在实际应用中，并不需要无限个隐含层结点，隐含层结点数的确定大都靠经验。如果隐含层结点数太少，则神经网络从训练样本中学习的能力就不足，网络很容易陷入局部极小值点，有时甚至可能得不到稳定的结果；而如果隐含层结点数太多，则网络会拟合存在于样本中的非规律性信息，导致网络出现"过拟合"的现象，这样会导致训练时间延长，而且误差也不一定最小。所以必须综合多方面的因素进行设计。根据前人经验，可以参考以下公式进行设计：

$$n = \sqrt{n_i + n_o} + a \tag{7.73}$$

式中，n 为隐层结点数；n_i 为输入层结点数；n_o 为输出层结点数；a 是 1~10 之间的常数。而按照公式只能计算出大致范围，对于究竟应该选取多少个隐含层结点，需要不断改变隐层结点数，用同一样本集训练，从中确定网络误差最小时对应的隐含层结点数。

（6）激活函数

BP 网络经常采用的激活函数是 S 型函数：

$$f = \frac{1}{1 + e^{-x}} \qquad (7.74)$$

在某些特定的情况下，还可能采用线性激活函数。如果 BP 网络的输出层激活函数是 S 型函数，那么网络的输出被限制在 (0,1) 或 (−1,1)；如果 BP 网络的输出层激活函数是线性函数，那么网络的输出可以为任意值。

（7）训练方法及网络参数的选择

针对不同的应用，BP 网络提供了多种训练方法，可供选择。

7.3.3 RBF 神经网络

1985 年，Powell 提出了多变量插值的径向基函数（Radial-Basis Function，RBF）方法。1988 年，Broomhead 和 Lowe 首先将 RBF 应用于神经网络设计，构成了径向基函数神经网络，即 RBF 网络。RBF 神经网络的基本思想是将径向基函数作为隐单元的"基"，构成了相应的隐含层空间，隐含层对输入矢量进行变换，把低维的模式输入数据变换到高维空间内，通过对隐单元输出的加权求和得到输出。这样可以使得在低维空间内的线性不可分问题在高维空间内线性可分。

RBF 神经网络与 BP 神经网络一样，能够以任意精度逼近任意连续函数，具有最佳逼近和全局最优的性能，在非线性函数逼近、模式识别、图像处理、系统建模、最优预测和工业控制等领域得到了广泛应用。

RBF 网络是一种三层前馈神经网络：第一层为输入层；第二层为隐含层；第三层为输出层。输入层是由信号源结点组成，传递输入信号。隐含层中隐单元的个数由所描述问题的需要而定，隐单元的变换函数是径向基函数；输出层对输入模式的作用做出响应。RBF 神经网络的输入空间到隐含层的变换是非线性的，而从隐含层到输出层之间的变换是线性的。

单输出的 RBF 神经网络结构图如图 7.12 所示，输入向量为 $X = (x_1, x_2, \cdots, x_N)^T$；隐含层包含 M 个神经元结点，$\varphi(\cdot)$ 表示隐含层神经元的激活函数；网络的输出为 y，输出层神经元一般采用线性激活函数，隐含层神经元与输出层神经元之间的连接权值向量为 $w = (w_1, w_2, \cdots, w_M)^T$。

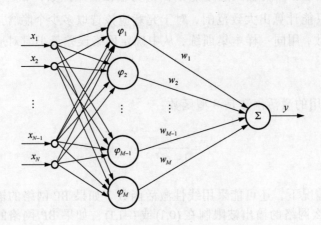

图 7.12　单输出 RBF 神经网络结构

单输出 RBF 神经网络的输出为隐单元输出的线性加权，即

$$y = \sum_{j=1}^{M} w_j \varphi_j \qquad (7.75)$$

式中，$\varphi(\cdot)$ 为径向基函数，是一种局部分布的对中心点径向对称衰减的非负非线性函数，在中心点具有峰值，幅值随半径增大而衰减。径向基函数的形式有很多种，常用的径向基函数有：

1）高斯函数

$$\varphi(r) = \exp\left(-\frac{r^2}{2\sigma^2}\right) \qquad (7.76)$$

2）反演 Sigmoid 函数

$$\varphi(r) = \frac{1}{1 + \exp\left(\dfrac{r^2}{\sigma^2}\right)} \qquad (7.77)$$

3）逆多二次函数

$$\varphi(r) = \frac{1}{(r^2 + \sigma^2)^{1/2}} \qquad (7.78)$$

式中，σ 为径向基函数的扩展常数或宽度。最常用的径向基函数形式是高斯函数，它的可调参数包括数据中心和扩展常数。

设训练样本为 $\{(\boldsymbol{X}^{(p)}, d^{(p)}), p = 1, 2, \cdots, P\}$，当输入样本为 $\boldsymbol{X}^{(p)}$ 时，隐含层第 j 个神经元的输出为：

$$\varphi_j^{(p)} = \varphi(\ \|\boldsymbol{X}^{(p)} - \boldsymbol{c}_j\|\ ), j = 1, 2, \cdots, M \qquad (7.79)$$

式中，$\|\cdot\|$ 表示距离函数（如欧几里得距离），$\boldsymbol{c}_j$ 表示径向基函数的数据中心。

径向基函数的实际输出为：

$$y^{(p)} = \sum_{j=1}^{M} w_j \varphi_j^{(p)} = \sum_{j=1}^{M} w_j \varphi(\ \|\boldsymbol{X}^{(p)} - \boldsymbol{c}_j\|\ ) \qquad (7.80)$$

网络训练的目的是确定输出权值 $\boldsymbol{w}$，使得 $y^{(p)} = d^{(p)}$，可以得到如下的线性方程组：

$$\begin{bmatrix} \varphi_1^{(1)} & \varphi_2^{(1)} & \cdots & \varphi_M^{(1)} \\ \varphi_1^{(2)} & \varphi_2^{(2)} & \cdots & \varphi_M^{(2)} \\ \vdots & \vdots & & \vdots \\ \varphi_1^{(p)} & \varphi_2^{(p)} & \cdots & \varphi_M^{(p)} \end{bmatrix} \begin{bmatrix} w_1 \\ w_2 \\ \vdots \\ w_M \end{bmatrix} = \begin{bmatrix} d^{(1)} \\ d^{(2)} \\ \vdots \\ d^{(p)} \end{bmatrix} \qquad (7.81)$$

令 $\boldsymbol{\phi} \in \mathbf{R}^{P \times M}$ 表示隐含层神经元输出 $\varphi_j^{(p)}$ 构成的矩阵，输出权值 $\boldsymbol{w} = (w_1, w_2, \cdots, w_M)^{\mathrm{T}} \in \mathbf{R}^M$，网络的期望输出为 $\boldsymbol{d} = (d^{(1)}, d^{(2)}, \cdots, d^{(P)})^{\mathrm{T}} \in \mathbf{R}^P$，则可以表示为：

$$\boldsymbol{\phi} \boldsymbol{w} = \boldsymbol{d} \qquad (7.82)$$

因此，径向基函数神经网络的训练问题可以转化为求解式表示的回归问题。通常可以采用最小二乘法对上式进行求解，输出权值的估计值：

$$\hat{\boldsymbol{w}} = (\boldsymbol{\phi}^{\mathrm{T}} \boldsymbol{\phi})^{-1} \boldsymbol{\phi}^{\mathrm{T}} \boldsymbol{d} \qquad (7.83)$$

RBF 网络是单隐层的前向网络，根据隐单元的个数，RBF 网络有两种模型：正则化 RBF 网络和广义 RBF 网络，正则化 RBF 网络隐单元的个数与训练样本的个数相同，广义 RBF 网络隐单元的个数小于训练样本的个数。图 7.13 所示为 N-P-L 结构的正则化 RBF 神经网络，网络有 N 个输入结点，P 个隐结点，L 个输出结点。其中 P 为训练样本集的样本数量，即隐层结点数等于训练样本数。输入层的任一结点用 i 表示，隐层的任一结点用 j 表示，输出层的任一结点用 k 表示。对各层的数学描述如下：$\boldsymbol{X} = (x_1, x_2, \cdots, x_N)^{\mathrm{T}}$ 为输入向量；$\varphi_j(\cdot)$ 为隐含层神经元的激活函数，称为"基函数"；$\boldsymbol{W}_k = (w_{1k}, \cdots, w_{jk}, \cdots, w_{Pk})^{\mathrm{T}}, k = 1, 2, \cdots, L$ 为输出权矩阵，其中 w_{jk} 为隐层第 j 个结点与输出层第 k 个结点间的连接权值；$\boldsymbol{Y} = (y_1, y_2, \cdots, y_L)^{\mathrm{T}}$ 为网络输出，输出层神经元采用线性激活函数。

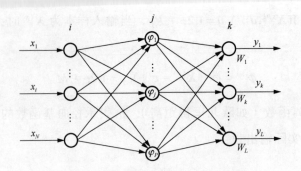

图 7.13　正则化 RBF 神经网络结构

当 RBF 神经网络的输入为 X 时，网络输出层第 k 个神经元的实际输出为：

$$y_k = \sum_{j=1}^{P} w_{jk}\varphi_j = \sum_{j=1}^{P} w_{jk}\varphi(\ \|X - c_j\|\ ),\ k = 1, 2, \cdots, L \qquad (7.84)$$

正则化网络的性质：

（1）正则化网络是一种通用逼近器，只要有足够的隐结点，它可以任意精度逼近训练集上的任意多元连续函数。

（2）具有最佳逼近特性，即任给一个未知的非线性函数 f，总可以找到一组权值使得正则化网络对于 f 的逼近优于所有其他可能的选择。

（3）正则化网络得到的解是最佳的，所谓"最佳"体现在同时满足对样本的逼近误差和逼近曲线平滑性。

RBF 网络的设计包括结构设计和参数设计。结构设计主要解决如何确定网络隐结点数的问题，参数设计一般需考虑各基函数的数据中心和扩展常数，以及输出结点的权值。当采用正则化 RBF 网络结构时，隐结点数即样本数，基函数的数据中心即为样本本身，参数设计只需考虑扩展常数和输出结点的权值。当采用广义 RBF 网络结构时，还需要确定网络隐结点数。

设训练样本集包含 P 个训练样本，则网络对 P 个训练样本的总体误差函数为：

$$E_{总} = \frac{1}{2}\sum_{p=1}^{P}\sum_{k=1}^{L}\left(d_k^{(p)} - y_k^{(P)}\right)^2 \qquad (7.85)$$

式中，P 为训练样本集的样本数量，L 为网络输出结点数。$d_k^{(p)}$ 和 $y_k^{(P)}$ 分别表示输入第 p 个训练样本时，RBF 神经网络输出层第 k 个神经元结点的期望输出和实际输出。

RBF 网络的学习过程分为两个阶段。第一阶段是无导师学习，是根据所有的输入样本决定隐含层各结点径向基函数的数据中心 c_j 和扩展常数 σ_j。第二阶段是有教师学习。在决定好隐含层的参数后，根据样本，利用最小二乘原则，求出隐含层和输出层的权值 w_{jk}。有时在完成第二阶段的学习后，再根据样本信号，同时校正隐含层和输出层的参数，以进一步提高网络的精度。

7.3.4 基于神经网络的预测分析

数据预测是指在分析现有数据的基础上估计或预测未来的数据的过程。随着 Internet 和数据库技术的迅速发展，数据预测方法已经越来越得到相关人员的重视。由于神经网络能够对大量复杂的非线性数据进行分析，可以完成极为复杂的趋势分析，特别适用于构造数据预测模型，基于神经网络的预测方法具有比其他预测方法更多的优点。在这类预测方法中，基于 BP 神经网络和 RBF 神经网络的预测方法是最常用的预测方法，在工业、交通、能源、医学、金融等领域都得到了广泛的应用。

例 7.2 表 7.2 为某药品的销售情况，现构建一个三层 BP 神经网络对药品的销售进行预测。

表 7.2 药品的销售情况表

月份	1	2	3	4	5	6
销量	2 056	2 395	2 600	2 298	1 634	1 600
月份	7	8	9	10	11	12
销量	1 873	1 478	1 900			

根据实际求解问题，可确定 BP 神经网络的结构：输入层有 3 个结点，隐含层结点数为 7，隐含层的激活函数为 tan-sigmod 型传递函数，输出层结点数为 1 个，输出层的激活函数为 log-sigmoid 型传递函数。预测方法采用滚动预测方式，即用前 3 个月的销售量来预测第 4 个月的销售量，如用第 1、2、3 月的销售量为输入预测第 4 个月的销售量，用第 2、3、4 月的销售量为输入预测第 5 个月的销售量。将前 3 个月的销售量归一化处理后作为 BP 神经网络的输入，第 4 个月的销售量归一化处理后作为 BP 神经网络的输出。利用输入/输出数据对 BP 网络进行训练，训练的误差性能曲线如图 7.14 所示。

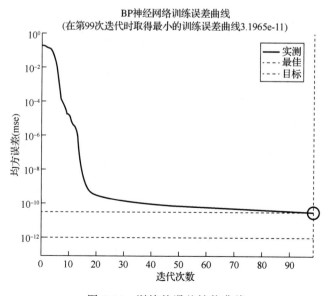

图 7.14 训练的误差性能曲线

BP 网格训练结束后，输入从第 4 个月到第 10 个月的前 3 个月销量的归一化值，通过训练好的 BP 网络预测第 4 个月到第 10 个月的销量，可得预测结果如图 7.15 所示。

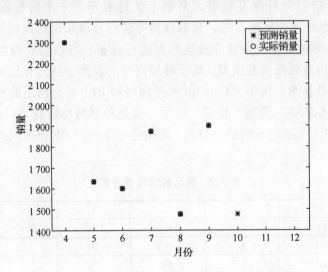

图 7.15 实际销量与 BP 网络的预测销量

第 4 个月到第 9 个月销量的预测值与实际值基本相同，最大绝对误差为 0.008。第 10 个月销量的预测值为 1 478。可以看出基于 BP 神经网络的药品销量预测取得了很好的预测效果。

例 7.3 利用滴定法测定酸或碱的含量是一种常用的化学分析方法。某一产品是由 3 种化合物混合而成的，其质量检验操作规程采用酸碱滴定法。用精密的酸度计测定不同浓度的标准样品的酸碱滴定曲线，滴定曲线的特征值和对应标准样品中 3 种化合物的浓度如表 7.3 所示。采用 RBF 神经网络法建立该产品的 3 种化合物浓度的预测模型。利用该预测模型求取未知样品的浓度。

表 7.3 不同浓度标准样品的滴定曲线

样品编号	浓度（%）			滴定曲线（返滴定剂体积/mL）				
	A	B	C	pH4	pH=6.3	pH=7	pH=8	pH=10
1	66.5	23.5	9.2	2.00	3.24	5.78	10.26	20.14
2	64.8	21.8	10.0	2.31	3.89	6.04	11.73	21.65
3	67.8	22.6	9.0	1.89	3.10	5.47	10.04	19.84
4	65.9	24.2	8.7	1.94	3.13	6.00	12.03	18.93
5	68.0	24.5	8.0	2.17	2.95	6.22	11.35	19.35
6	64.0	21.5	9.8	2.37	3.12	5.83	10.86	20.18
7	66.0	23.0	9.0	2.28	3.10	6.01	10.33	20.29
8（未知样本）	—	—	—	2.15	2.93	6.13	10.92	20.34

采用 RBF 神经网络建立该产品的 3 种化合物浓度的预测模型，滴定曲线的特征值作为 RBF 神经网络的输入，该产品的 3 种化合物的浓度作为神经网络的输出，利用表中的数据对 RBF 神经网络进行训练，训练结束后，输入滴定曲线的特征值，对该产品的 3 种化合物的浓度进行预测，该产品的 3 种化合物 A、B 和 C 浓度的预测值和实际值如图 7.16 ~ 图 7.18 所示。

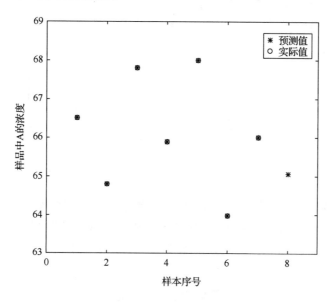

图 7.16　样品中化合物 A 浓度的预测/实际值

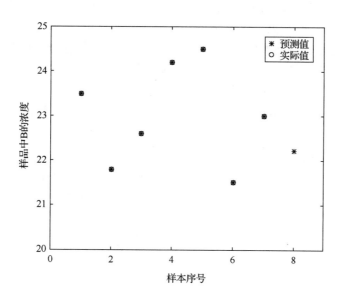

图 7.17　样品中化合物 B 浓度的预测/实际值

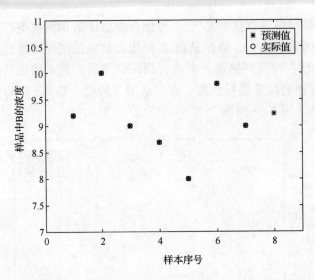

图 7.18　样品中化合物 C 浓度的预测值和实际值

　　对样品序号为 1~7 的样品化合物浓度的预测值与实际值基本相同，最大绝对误差为 3.5527e-15。对未知样本中 3 种化合物 A、B 和 C 浓度的预测值分别为 65.1、22.2 和 9.2。可以看出基于 RBF 神经网络的浓度预测取得了很好的预测效果。

习　　题

　　1. 人脑是由很多神经元并通过它们之间的广泛连接构成的。按照人工神经网络模拟思维的生理过程的观点，人工神经网络应该是如何构成的？

　　2. 人工神经元模型是如何体现生物神经元的结构和信息处理机制的？

　　3. 举例说明什么是有导师学习和无导师学习？

　　4. BP 神经网络有哪些优缺点？

　　5. 什么是 BP 神经网络的泛化能力？如何保证 BP 神经网络具有较好的泛化能力？

　　6. RBF 神经网络和 BP 神经网络有什么区别？

　　7. 相对于神经网络而言，支持向量机的优点是什么？

　　8. 如何选择支持向量机的核函数来保证支持向量机回归的性能？

　　9. 支持向量机用在回归分析时，如何设置惩罚系数 C 的大小来提高系统的泛化能力？

　　10. ε-支持向量机回归和 ν-支持向量机回归有何区别？

聚 类 分 析 ≪≪≪

◀ 第 8 章

8.1 概　　述

聚类分析是一种定量方法，从数据分析的角度看，它是对多个样本进行定量分析的多元统计分析方法，可以分为两种：对样本进行分类称为 Q 型聚类分析；对指标进行分类称为 R 型聚类分析。

从数据挖掘的角度看，又可大致分为 4 种：划分聚类、层次聚类、基于密度的聚类和基于网格的聚类。

本章将从数据挖掘的角度来概述，但也会借鉴数学建模的部分思想。无论是从哪个角度看，其基本原则都是：希望簇（类）内的相似度尽可能高，簇（类）间的相似度尽可能低（相异度尽可能高）。先来看一下从数据挖掘的角度看，这 4 种聚类方法有什么不同。

（1）划分聚类。给定一个 n 个对象的集合，划分方法构建数据的 k 个分区，其中每个分区表示一个簇（类）。大部分划分方法是基于距离的，给定要构建的 k 个分区数，划分方法首先创建一个初始划分，然后使用一种迭代的重定位技术将各个样本重定位，直到满足条件为止。

（2）层次聚类。层次聚类可以分为凝聚和分裂的方法；凝聚也称自底向上法，开始便将每个对象单独为一个簇，然后逐次合并相近的对象，直到所有组被合并为一个簇或者达到迭代停止条件为止。分裂也称自顶向下，开始将所有样本当成一个簇，然后迭代分解成更小的值。

（3）基于密度的聚类。其主要思想是只要"邻域"中的密度（对象或数据点的数目）超过某个阈值，就继续增长给定的簇。也就是说，对给定簇中的每个数据点，在给定半径的邻域中必须包含最少数目的点。这样的主要好处就是过滤噪声，剔除离群点。

（4）基于网格的聚类。它把对象空间量化为有限个单元，形成一个网格结构，所有的聚类操作都在这个网格结构中进行，这使得处理的时间独立于数据对象的个数，而仅依赖于量化空间中每一维的单元数。

划分聚类是基于距离的，可以使用均值或者中心点等代表簇中心，对中小规模的数据有效；而层次聚类是一种层次分解，不能纠正错误的合并或划分，但可以集成其

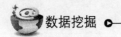

他的技术；基于密度的聚类可以发现任意形状的簇，簇密度是每个点的"邻域"内必须具有最少个数的点，可以过滤离群点；基于网格的聚类使用一种多分辨率网格数据结构，能快速处理数据。

8.2 *k*-均值聚类

k-means 算法也称 *k*-均值聚类算法，是一种广泛使用的聚类算法，也是其他聚类算法的基础。

k-means 聚类是一种动态聚类算法，也称逐步算法。其显著特点就是迭代过程，每次要考察对每个样本数据的分类正确与否，如果不正确就要进行调整，调整完全部数据对象后再来修改中心，从而进入下一次的迭代过程。当所有的数据对象都已经被正确分类，就不会有调整，聚类中心也不会改变，聚类准则函数也已经收敛，算法结束。

k-means 聚类优点：

（1）*k*-means 算法是解决聚类问题的一种经典算法，简单快速。

（2）对处理大数据集，该算法是相对可伸缩的和高效率的，因为它的复杂度大约是（nkt），其中 n 是所有对象的数目、k 是簇的数目、t 是迭代的次数，通常 $k \ll n$。这个算法经常以局部最优结束。

（3）算法尝试找出使平方误差函数值最小的 k 个划分。当簇密集、为球状或团状，而簇与簇之间的区别明显时，它的聚类效果较好。

k-means 聚类缺点：

（1）*k*-means 聚类算法只有在簇的平均值被定义的情况下才能使用，不适用于某些应用，如涉及有分类属性的数据。

（2）要求用户必须实现给出要生成的簇目 k。

（3）对初始值敏感，对于不同的初始值可能会导致不同的聚类结果。

（4）不适合于发现非凸面形状的簇，或者大小差别很大的簇。

（5）对于"噪声"和孤立点数据敏感，少量的该类数据能够对平均值产生极大的影响。

假定输入样本为 $S = x_1, x_2, \cdots, x_m$，则算法步骤为：

（1）选择初始的 k 个类别中心 $\mu_1, \mu_2, \cdots, \mu_k$。

（2）对于每个样本 x_i，将其标记为距离类别中心最近的类别（距离计算一般采用欧式距离）。

（3）将每个类别中心更新为隶属该类别的所有样本的均值。

（4）重复最后两步，直到类别中心的变化小于某阈值。

终止条件一般有迭代次数、簇中心变化率、最小平方误差（Minimum Squared Error，MSE）等。它的迭代过程如图 8.1 所示。

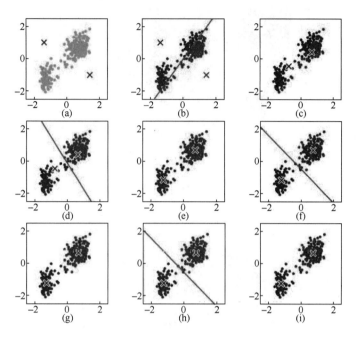

图 8.1 k-均值聚类算法

算法缺陷：k 个簇心初始点需要提前设定好，但现实情况中，不同场景下的 k 个簇质心往往相差很大，在 k 值不会太大，应用场景不明确时，可以通过迭代求解损失函数最小时对应的 k 值。不同的随机种子点得到的结果完全不同。

当 k=3 时，得到的 3 种不同结果如图 8.2 ~ 图 8.4 所示。

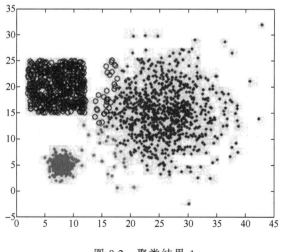

图 8.2 聚类结果 1

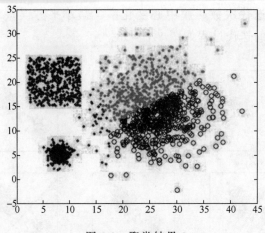

图 8.3　聚类结果 2

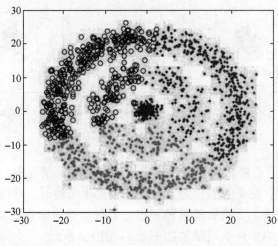

图 8.4　聚类结果 3

可以发现，即使 $k=3$ 相同，但开始的情况不同，仍然有可能使得聚类不成功。图 8.3 就是失败的聚类。

例如，代码如下：

```
#coding=utf-8
import numpy as np
import matplotlib.pyplot as plt
from sklearn.cluster import KMeans


#从磁盘读数据
X=[]
f=open('city.txt')
for v in f:
    X.append([float(v.split(',')[1]), float(v.split(',')[2])])
```

```
#转换成 numpy array
X=np.array(X)
#类簇的数量
n_clusters=5
#现在把数据和对应的分类书放入聚类函数中进行聚类
cls=KMeans(n_clusters).fit(X)
#X 中每项所属分类的一个列表
cls.labels_
#画图
markers=['^','x','o','*','+']
for i in range(n_clusters):
  members=cls.labels_==i
  plt.scatter(X[members,0], X[members,1],s=60, marker=markers[i], c='b',
alpha=0.5)
plt.title(' ')
plt.show()
```

图像输出如图 8.5 所示。

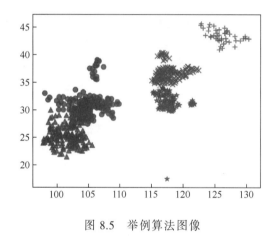

图 8.5　举例算法图像

8.3　k-中心聚类

　　k-中心点算法是一种常用的聚类算法，k-中心点聚类的基本思想和 k-means 的思想相同，实质上是对 k-means 算法的优化和改进。在 k-means 中，异常数据对其的算法过程会有较大的影响。在 k-means 算法执行过程中，可以通过随机的方式选择初始质心，也只有初始时通过随机方式产生的质心才是实际需要聚簇集合的中心点，而后面通过不断迭代产生的新的质心很可能并不是在聚簇中的点。如果某些异常点距离质心相对较大时，很可能导致重新计算得到的质心偏离了聚簇的真实中心。

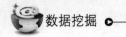

算法步骤：

（1）确定聚类的个数 k。

（2）在所有数据集合中选择 k 个点作为各个聚簇的中心点。

（3）计算其余所有点到 k 个中心点的距离，并把每个点到 k 个中心点最短的聚簇作为自己所属的聚簇。

（4）在每个聚簇中按照顺序依次选取点，计算该点到当前聚簇中所有点距离之和，最终距离之后最小的点，则视为新的中心点。

（5）重复（2）、（3）步骤，直到各个聚簇的中心点不再改变。

k-中心聚类算法计算的是某点到其他所有点的距离之后最小的点，通过距离之和最短的计算方式可以减少某些孤立数据对聚类过程的影响。从而使得最终效果更接近真实划分，但是由于上述过程的计算量相对 k-means 增大几倍，因此一般情况下 k-中心算法更加适合小规模数据运算。

8.4 聚类评估

聚类在数据挖掘中的任务是将目标样本分成若干个簇（cluster），并且保证每个簇之间样本尽量接近，并且不同簇的样本间距离应尽量远。聚类技术被广泛应用在图像处理和生物信息学。作为一个非监督学习任务，评价聚类后的效果是非常有必要的，否则聚类的结果将很难被应用。

聚类的评价方式在大方向上被分成两类，一种是分析外部信息，另一种是分析内部信息。外部信息就是能看得见的直观信息，这里指的是聚类结束后的类别号。还有一种分析内部信息的办法，聚完类后会通过一些模型生成这个聚类的参数，诸如熵和纯度这种数学评价指标。

8.4.1 外部法

根据已知的真实分组评价聚类分析的结果，构造混淆矩阵总结任意一对（两条）记录是否属于同一分组，如图 8.6 所示。注意当有 m 条记录时，共有 $m \times m$ 对记录。

		聚类	
		Same Cluster	Different Clusters
真实分组	Same Cluster	SS	SD
	Different Clusters	DS	DD

图 8.6　混淆矩阵

图中 SS 对记录属于相同的真实分组和相同的聚类，SD 对记录属于相同的真实分组，对于不同的聚类，DS 对记录属于不同的真实分组；对于相同的聚类，DD 对记录属于不同的真实分组和不同的聚类。

由上面的混淆矩阵可以计算聚类分析的准确率为 $\dfrac{SS+DD}{SS+DD+DS}$，或 Jaccard 系数为 $\dfrac{SS}{SS+DD+DS}$ 作为评价指标。

8.4.2　内部法

当真实分组情况未知时，可以用记录的特征向量计算内平方和（Within Sum of Squares, WSS）和外平方和（Between Sum of Squares, BSS）作为评价指标。对于有 m 条记录，n 个变量的聚类问题来说，WSS 和 BSS 的定义式为：

$$WSS = \sum_{i=1}^{m} d(\boldsymbol{p}_i, \boldsymbol{q}^{(i)})^2 = \sum_{i=1}^{m} \sum_{j=1}^{n} (p_{ij} - q_j^{(i)})^2 \tag{8.1}$$

$$BSS = \sum_{k=1}^{K} |Z_k| d(\boldsymbol{Q}, \boldsymbol{q}_k)^2 = \sum_{k=1}^{K} \sum_{j=1}^{n} |Z_K| (Q_j - q_{kj})^2 \tag{8.2}$$

式中，$\boldsymbol{p}_i = (p_{i1}, p_{i2}, \cdots, p_{in})$ 表示记录 i 的特征向量，$\boldsymbol{q}^{(i)} = \left(q_1^{(i)}, q_2^{(i)}, \cdots, q_n^{(i)}\right)$ 表示记录 i 所在聚类中心点的特征向量，K 表示聚类总数，$\boldsymbol{Q} = (Q_1, Q_2, \cdots Q_n)$ 表示所有记录中心点的特征向量，$\boldsymbol{q}_k = (q_{k1}, q_{k2}, \cdots, q_{kn})$ 表示第 k 聚类中心点的特征向量。WSS 和 BSS 分别度量相同聚类内部记录之间的不相似度和不同聚类间记录的不相似度。显然，WSS 越小，BSS 越大，聚类结果越好。

8.4.3　可视化方法

当只有两个变量时，可以采用可视化方法评估聚类结果。例如，在 R 语言中可以调用 ggplot() 函数绘制散点图，标识各个聚类和各自的中心点。一般地，应考虑以下几个因素：

（1）聚类之间是否较好地相互分离。

（2）是否存在只有几个点的聚类。

（3）是否存在靠得很近的中心点。

习　　题

1. 描述聚类方法的目标。
2. 簇质心的直观意义是什么？
3. 你认为哪一类聚类解决方案是可取的？为什么？
4. 根据 k-均值聚类算法，利用 MSE 得到 $k=4$ 时的聚类图。
5. 尝试使初始簇中心尽可能相距远些的方法？
6. 在算法的每一步后，为何簇间差异和簇内差异的比率在不断增加？

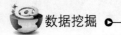

7. 描述聚类分析的基本思想。

8. 假设数据挖掘的任务是将 8 个点聚类成 3 个簇，A1（2,10），A2（2,5），A3（8,4），B1（5,8），B2（7,5），B3（6,4），C1（1,2），C3（4,9），距离函数是欧几里得距离。假设初始选择 A1、B1、C1 分别作为每个聚类的中心，用 k-平均算法给出：

（1）第一次循环执行后的 3 个聚类中心。

（2）最后的 3 个簇。

9. 以下数据是 20 种啤酒的相关数据，对其进行聚类分析。

名称	热量	钠含量	酒精	价格
Budweise	144.00	19.00	4.70	0.43
Schlitz	181.00	19.00	4.90	0.43
Ionenbra	157.00	15.00	4.90	0.48
Kronenso	170.00	7.00	5.20	0.73
Heineken	152.00	11.00	5.00	0.77
Old-miln	145.00	23.00	4.60	0.26
Aucsberg	175.00	24.00	5.50	0.40
Strchs-b	149.00	27.00	4.70	0.42
Miller-l	99.00	10.00	4.30	0.43
Sudeiser	113.00	6.00	3.70	0.44
Coors	140.00	16.00	4.60	0.44
Coorslic	102.00	15.00	4.10	0.46
Michelos	135.00	11.00	4.20	0.50
Secrs	150.00	19.00	4.70	0.76
Kkirin	149.00	6.00	5.00	0.79
Pabst-ex	68.00	15.00	2.30	0.36
Hamms	136.00	19.00	4.40	0.43
Heileman	144.00	24.00	4.90	0.43
Olympia-	72.00	6.00	2.90	0.46
Schlite-	97.00	7.00	4.20	0.47

10. 讨论系统聚类、k-值聚类和 k-中心聚类的技术，说明其特点。

第 9 章

深度学习简介 ⫷

9.1 概　　述

深度学习（Deep Learning，DL）是在机器学习的基础上发展而来的，是深层次的机器学习，其概念最初来源于机器学习中的人工神经网络。在机器学习中，一般把层数超过 3 层的神经网络称为深度神经网络，因此可以说深度学习就是多层的神经网络。

在神经网络中，神经元是最基本的一个概念。同样，神经元也是深度学习的核心概念，它是由 1943 年神经科学家 W.S.McCilloch 和数学家 W.Pitts 提出的。他们建立了最初的神经元数学模型——MCP 模型（MCP 模型是模拟生物神经元的结构和工作原理所构造出来的一个抽象和简化了的模型，建立 MCP 是为了让计算机来模拟人的神经元反应的过程）。

如图 9.1 所示，MCP 模型将神经元简化为 2 个过程：线性加权求和及非线性激活（阈值法）。使输入依次经过这 2 个过程的处理从而得到输出，这也是深度学习中最简单的模块。

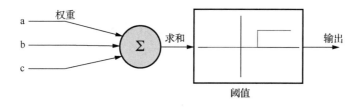

图 9.1　MCP 模型示例

然而，MCP 这样一个简单的模型在实际应用领域存在比较严重的缺陷。为了解决这个问题，1958 年计算机科学家 RosenBlatt 提出了名为"感知器"的概念。他用两层神经元组成了一个网络，并称其为感知器（Perceptrons）。感知器通过 MCP 模型对输入的多维数据进行二分类，且使用梯度下降法从训练样本中自动学习更新权值。但在 1969 年，人工智能先驱 Marvin Minsky 却证明了感知器实际上是一种线性模型，只适用于线性分类问题，至此神经网络进入低谷。

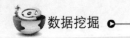

在经过近 20 年的沉寂之后，神经网络之父 Geoffrey Hinton 在 1986 年发明了适用于 MCP 的 BP 算法（也就是著名的 BP 神经网络），这是神经网络第一次东山再起。BP 神经网络采用 Sigmoid 进行非线性映射，有效解决了非线性分类和学习的问题，这也是最初的深度学习网络。

但好景不长，BP 神经网络训练时间过长，效果一般，最致命的是它存在梯度消失问题，即在误差梯度后项传递的过程中，后层梯度以乘性方式叠加到前层，由于 Sigmoid 函数的饱和特性，后层梯度本来就小，误差梯度传到前层时几乎为 0，因此无法对前层进行有效的学习，该问题直接阻碍了深度学习的发展。再加上，如 SVM（支持向量机算法）等同时代的各种浅层机器学习模型在处理数据性能上的表现卓越，完胜了 BP 神经网络。神经网络再次陷入低潮。

直到 2006 年，加拿大多伦多大学教授、机器学习领域泰斗、神经网络之父——Geoffrey Hinton 和他的学生 Ruslan Salakhutdinov 提出了深层神经网络（Deep Neural Networks,DNN），解决了之前 BP 神经网络梯度消失问题。与 BP 神经网络不同的是，DNN 通过无监督预训练对权值进行初始化，并在训练中进行有监督微调。直到此时，深度学习这个概念才第一次进入大众的视角。

在之后的几年中深度学习彻底爆发，研究者们发现通过改进泛化的深层神经网络可以将其应用在各行各业上。例如，微软和 Google 将 DL 应用在语音识别上，错误率降低了约 30%，是该领域几十年来最大的突破性进展；DL 同样在图像识别领域取得惊人的效果，从 AlexNet 到 VggNet 再到 GoogleNet 一个个分类检测网络的提出，如今人脸识别正确率基本到 99%；DL 还被应用于制药公司的 DrugeActivity 预测问题并获得世界最好成绩。这样的例子数不胜数，DL 无论在学术界还是在工业界都已成为最为火热的方法。

9.2 来自人类视觉机理的启发

深度学习就是用不同架构的多层神经网络处理图像、文本、音频这类存在大量数据的算法集合，它从大类上可以归于神经网络，但是在具体应用上又有许多变化。深度学习的核心是特征学习，旨在通过每层网络获取不同层次的特征信息，从而解决以往需要人工设计特征的难点。它所使用的方法模拟了人类大脑认知原理，尤其是其中的视觉机理。

想要理解机器是如何模仿人类学习的，必须先知道大脑是如何认知事物的。深度学习模拟人脑认知和人类视觉的理论是由 1981 年诺贝尔医学奖获得者 David Hubel 和 TorstenWiesel 提出的，他认为人眼的可视皮层是分级的，大脑的思考也是分级的。

以大脑识别一张人脸的过程为例：人类观察事物是从原始信号摄入开始，即用眼睛看到世界。最初光信号通过瞳孔摄入并形成影像，这时候大脑不会有意识看到的是什么，只知道看到东西了；接着会形成初步的认知，即大脑皮层某些细胞发现边缘（Edge）和方向（Gradient），这个过程大脑会对"看到"有个最简单的认识，知道哪里有东西，只是不知道是什么东西；然后将其抽象成高维特征，具体来说就是物体形状（Shape）和颜色（Color），到这个时刻大脑的认知如同婴儿时一样，知道这里有一个黑色的圆形，那里有个黄色的三角形；而后进一步对高维特征抽象归类，即大脑进一步判定看到了什么东西，例如是一个鼻子还是一个眼睛；最终组合对这些物体的认知，得到结果：这是一张人脸。整个过程如图 9.2 所示，这就是在看到一张脸后，人脑对人脸进行认知的过程。再进一步认知就是，与记忆进行比对，来识别这是谁的脸。

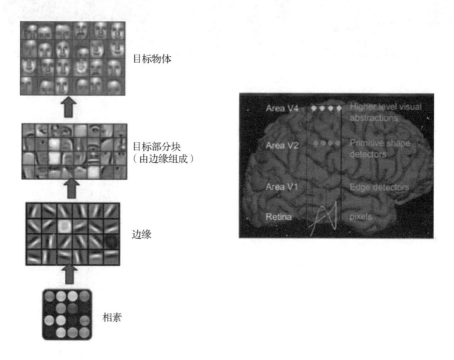

图 9.2 大脑思维示例

与上面这个过程相同，对于不同的物体，人类视觉也是通过这样逐层分级来进行认知的。通过图 9.3 可以看到，最底层特征基本上是类似的，就是各种边缘和方向；越往上，越能提取出此类物体的一些特征（轮子、眼睛、躯干等）；到最上层，不同的高级特征最终会组合成相应物体，从而能够让人类准确地区分不同的物体。对于从事机器学习工作的人来说，自然而然可以联想到，为什么不设计一种逻辑网络来让计算机也能模仿人类大脑的思考方式？至此，就得到了深度学习中最早的网络——深度神经网络，通过构造多层的神经网络，从较低层的识别边缘、梯度等初级特征开始，到若干底层特征组成更抽象的特征，最终通过多个层的组合，在顶层做出分类。

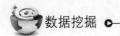

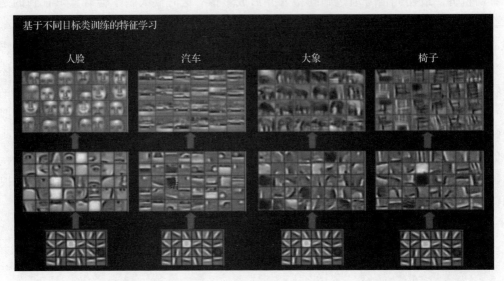

图 9.3　人脑处理信息方式

9.3　深层神经网络

　　在大致了解多层神经网络的运转过程后，再来理解最初的深度神经网络 DNN 就会相对容易很多。在 2006 年，深度网络（Deep Network）和深度学习概念第一次被提出。所谓的深度网络就是多层神经网络，它是 Hinton 为了与以前的神经网络相区分所提出的一个新的名词，表示一个全新的概念。

　　单从结构上来说，Hinton 研究组提出的 DNN 依旧沿用了传统的多层感知机，并且在做有监督学习时运用了相同的算法。不同的是：①DNN 利用预训练方法缓解了局部最优解问题，将隐含层推动到了 7 层，使神经网络真正意义上有了"深度"；②为了克服梯度消失的问题，DNN 用贪婪无监督逐层训练的方法，形成了如今深度学习网络的基本形式。那么 DNN 相比之前神经网络所进步的地方具体在哪里呢？

　　传统神经网络参数初始值是随机设定的，利用梯度下降算法训练网络（BP 神经网络主要贡献就在于采用 BP 算法进行梯度下降），直至收敛。这种方式虽然对浅层网络很有效，但当网络的"深度"一旦提高就会出问题——梯度扩散。这是由于随机初始化权值极易使目标函数收敛到局部极小值，而当网络的层数开始增加，残差向前传播丢失会越加严重，最终导致梯度扩散。因此，DNN 采用贪婪无监督逐层训练方法。即在网络中，每层被分开对待并以一种贪婪方式进行训练，当前一层训练完成后，新的一层将前一层的输出作为输入并编码以用于训练；最后每层参数训练完成后，在整个网络中利用有监督学习进行参数微调。

DNN 结构相比之前多层感知机没有区别,仅仅是隐含层提高并且增加了大量神经元。我们先简单回顾一下 DNN 的运作流程。如图 9.4 所示,每个圆都代表着一个神经元,每个神经元与别的神经元相连接,神经元之间的连接强度就是权重,这些权重就是网络所要学习的东西,在每一次每一层的学习中权重都会根据反馈进行修改,从而最终决定网络的功能。可以发现 DNN 与 ANN 的结构基本相同,因此可以说深度网络就是多层的神经网络。

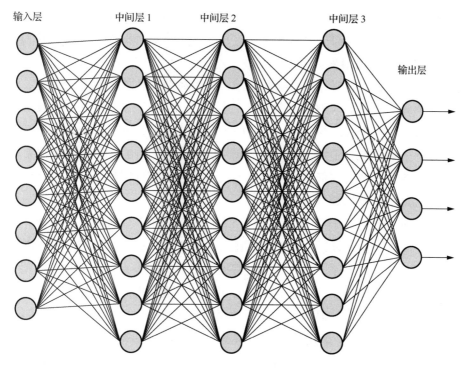

图 9.4　深度神经网络结构

虽然,DNN 相对之前的 ANN 已经有了很大的提高,但它一般都是用来处理一些一维的数据,很难应用到实际的工程项目中去,所以在当时的工程应用上并不火热。在此之后众多科学家在 Hinton 提出的 DNN 的基础上进行改进,深度学习也越发火热,其中最出名的就是 CNN。

9.4　卷积神经网络

深度神经网络(Convolution Deep neural networks, CNN)最早是由 Yann LeCun 提出并应用在手写字体识别上(MINST),之后科学家们发现它在图像处理领域有着更强的潜力。随后一个个以 CNN 为原型的网络被创造出来,许多难关逐渐被攻破。如今，CNN 已经成为深度学习研究中的热门。众多研究成果表明它们已经学会对图像进行分类，在画面中检测识别某种物体，并在某些情况下其能力甚至超过了人类。

CNN 的原型依旧是 DNN，两者结构看起来相似，但本质是不同的。DNN 的结构是全连接式，它的每一个隐含层都是全连接层，即下层神经元和所有上层神经元都能够形成连接，这种连接方式带来的潜在问题是参数数量的膨胀。因此，当输入的数据量较小时（如一维数据），全连接层并没有太大影响。但是当处理的是二维（图片）或者是更高维的数据时，情况就大不相同了。以图片为例，在计算机中它是一个典型的二维数据，例如一张 28×28 的图片在计算机中就是一个 28 行 28 列的二维矩阵，如果把每一个像素点看作是一个神经元，对每一个像素点都赋予一个权重和偏置，输入 DNN，最后也能得到结果。

但是，真实生活中的图片不可能那么小，一张高清图片像素点至少上万，而每一个像素点至少有 2 个参数（权重和偏置）。例如，输入一张像素为 1000（长）$\times$ 1000（宽）的图像，每一个隐含层有 1 M（$1000 \times 1000 = 10^6$）个结点，每个隐层神经元都连接图像的每一个像素点，那么光这一层就有 $1000 \times 1000 \times 10^6 = 10^{12}$ 个权重需要训练，当层数增加，参数是呈指数倍的增长，这不仅会导致训练的时间极长，而且很难收敛或是过拟合，最终产生局部最优的结果。

CNN 在这些问题上进行了改进，对于 CNN 来说，并不是所有上下层神经元都能直接相连，而是将"卷积核"作为中介，在所有输入图片中共享。图片通过卷积操作后仍然保留原先的位置关系。此时卷积过程就可以视为神经网络的一个隐含层。可以将卷积核理解为一个小窗口，通过卷积核对图像进行卷积的过程，就是每一次只通过小窗口来看图片的一部分。但这部分并不是原图片中切割出的一块，而是整幅图像的关键部分（即高维特征），即用这一小块高度归纳了整幅图像。所以，当对图像卷积后，可以得到很好的特征，这些特征就是高维特征。通过 BP 误差传播，根据不同的网络任务，可以得到相对应最好的权重分配，学习到最好的卷积核。并且卷积核的权重应该是可共享的，这是由于当卷积核在一块小区域中取得很好的特征时，在别的地方通常也会得到比较好的特征。

总之，卷积神经网络的出现，以参数少，训练快，准确率高，易迁移的特点全面碾压之前的深度神经网络，而卷积运算可以说是卷积神经网络的灵魂。

9.4.1 卷积和池化

在介绍卷积神经网络的结构前，必须了解其中两个常用的概念：卷积和池化。简单来说，卷积就是一种数学运算，如同加减乘除一般，我们将 $(f*g)(n)$ 定义为 f 与 g 的卷积。而根据数据类型的不同，卷积可分为连续卷积 $(f*g)(n) = \int_{-\infty}^{\infty} f(\tau)g(n-\tau)\mathrm{d}\tau$ 和离散卷积 $(f*g)(n) = \sum_{\tau=-\infty}^{\infty} f(\tau)g(n-\tau)$ 两种不同的计算方式。

　　虽然卷积在数学定义上分为两种，但在实际运用中输入数据大多是离散信号（这是由于在处理数据时，离散数据相对于连续数据更容易计算）。那么从对一维数据的卷积开始说起，当输入数据为一维数据（如信号、文字、声音这类的数据）时，整个卷积的过程就是将输入和核相乘，然后进行累加的过程，具体如式（9.1）：

$$y[n] = x[n] * h[n] = \sum_k x[k]h[n-k] \tag{9.1}$$

式中，$x[n]$ 是输入数据，$h[n]$ 是卷积核。于是输出 $y[n]$ 就是输入数据对于卷积核的叠加，在信号处理中也就可以理解为输入信号 $x[n]$ 的延迟响应 $h[n]$ 的叠加。

　　因为输入数据是各个像素点的权重，所以一维卷积实质就是加权叠加，如果是连续卷积的话就是加权积分。

　　而对于二维数据（如图像、二维信号等数据）的卷积，公式就较为复杂，如式（9.2）：

$$y[m,n] = x[m,n] * h[m,n] = \sum_j \sum_i x[i,j]h[m-i,n-j] \tag{9.2}$$

式中，$x[m,n]$ 是输入的二维数据，$h[m,n]$ 是二维的卷积核，整个卷积的过程就是将 $x[m,n]$ 矩阵中的每个元素与 $h[m,n]$ 矩阵中的每个对应元素两两相乘后再全部相加。进行这样的一次卷积运算得到的结果是一个确切的数值，如 $y[1,1]$；类似的运算执行多次得到最终输出 $y[m,n]$，$y[m,n]$ 也是一个矩阵。

　　其实，二维卷积用公式这种一维的方式来说明，很难理解。整个过程用图像这种二维的方式来说明会更直观。如图 9.5 所示，最左边的矩阵就是输入，中间的就是卷积核，两个矩阵中每一个值点相乘累加的结果就是卷积后的输出。现在将数据代入公式中，就很容易理解。

$$\begin{aligned}
y[3,3] &= \sum_{j=-\infty}^{\infty} \sum_{i=-\infty}^{\infty} x[i,j] \cdot h[1-i,1-j] \\
&= x[0,0] \cdot h[1,1] + x[0,1] \cdot h[1,0] + x[0,2] \cdot h[1,-1] + \\
&\quad x[1,0] \cdot h[0,1] + x[1,1] \cdot h[0,0] + x[1,2] \cdot h[0,-1] + \\
&\quad x[2,0] \cdot h[-1,1] + x[2,1] \cdot h[-1,0] + x[2,2] \cdot h[-1,-1] \\
&= 80 \times -1 + 80 \times -2 + 80 \times -1 + \\
&\quad 75 \times 0 + 80 \times 0 + 80 \times 0 + \\
&\quad 0 \times 1 + 0 \times 2 + 0 \times 1 \\
&= -320
\end{aligned}$$

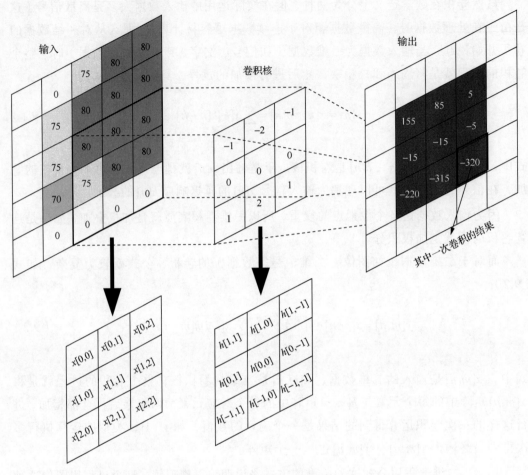

图 9.5　卷积的过程

最后所得到的结论是：卷积实质就是加权叠加。

总结一下：对应到 CNN 中，输入的数据是一张图片，也就是一个二维的矩阵。对这个矩阵进行卷积运算，就是与另一个矩阵（卷积核）相乘并叠加。这个运算所隐含的含义就是用一个小方阵的数据学习整张图片的特征，同时保留像素之间的空间映射关系。

理解了卷积之后，我们再来看一下池化（Pooling），它相对于卷积更好理解。在卷积的过程中，图像数据很大，为了降低数据维度，必须通过某种方式对数据进行压缩，这种方式称为池化，它的目的是降低数据维度，以及避免过拟合。

在 CNN 中，池化本质就是下采样，如图 9.6 所示。相对于别的降维手段，下采样的方法在减少数据量的同时，不会影响特征的统计属性，剩余的特征信息仍然能够准确地描述图像。

池化根据下采样的方法一般分为最大值池化和平均值池化两种方式。

最大池化

平均池化

图 9.6 池化的过程

9.4.2 CNN 网络框架

设计一个神经网络就像做一个蛋糕，它是通过一层层累积起来的，最后网络效果的好坏就像蛋糕的味道，是由每一层的结果所决定的。

CNN 的网络主要用到两种材料：卷积层和池化层。卷积层的作用是提取图像的各种特征；池化层的作用是大幅度减少训练参数，防止过拟合。

卷积层是在上一层输入上逐一滑动卷积核，通过卷积计算而得。其中卷积核中的参数对应传统神经网络中的权值参数，再加上一个偏置参数，经过运算得到整个卷积层的结果。这种方式被称为局部链接——每个隐含层仅仅接受前一层输入的一部分；滑动卷积核的过程，很像拿着一个放大镜看一幅图片，放大镜窗口大小也被称为感受野——每个隐含层连接的输入区域的大小；若输入数据是三维数据，如一个 24×24RGB 图像，它的输入层就是 $24 \times 24 \times 3$ 的矩阵，这里 3 指的是 R、G、B 三个颜色通道，在网络中也被称为深度；窗口每一次滑动的距离称为步长；并且有些时候，为了使卷积后图像的尺寸不变还需要进行填充。深度、步长以及填充是确定输出层大小的三个要素，这些大都是根据经验值人为设置的。

池化层很简单，就是将上一层结果输入后逐一滑动窗口（池化核），计算最大值/平均值。

下面来看一个经典的卷积网络模型 LeNet-5 的结构，见图 9.7。

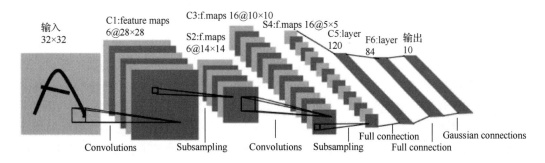

图 9.7 LeNet-5 的架构

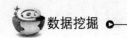

图中的卷积网络工作流程如下，输入层接收原始图像，得到一个 32×32 大小的数据矩阵。接下去的计算流程就是卷积层和池化层两者不断交替。

第一层是一个卷积层，它是输入层与一个大小为 5×5 的卷积核经过卷积运算得到的，输出一个大小为 28×28、深度为 6 的特征图。每个卷积核中的参数包括 $5\times5=25$ 个权重参数和 1 个偏置参数，因此参数总数为 $26\times6=156$ 个。但在实际应用中常常会设置参数共享。为了阐明参数共享的可行性，我们有必要先说明一个概念：深度切片。通常来说，深度切片指的就是同一深度的平面。同一个切片的权重和偏置是相同的，是可共享的。这是因为在同一深度中，特征图的重要性是相等的，第一张图中的一点包含的特征和最后一张图中的任意一点是一样重要的。

第二层是一个池化层，采用的是平均池化，池化层的深度继承于前一层卷积层，为 6，感受野为 2×2（核的大小），输出为 14×14 的池化矩阵。池化层的参数也是共享的，因此最终需要训练的参数只有 2×6（12）个。

第三层进行第二次卷积运算，采用与第一个卷积层相似的操作方式，输出深度为 16 的 10×10 的特征图。

第四层进行第二次池化平均计算，输出深度为 16 的 5×5 的特征图。

第五层实现卷积的最后阶段，由第四层经 5×5 感受野卷积而来，输出深度为 120 的 1×1 大小的特征图。

最后是一个全连接层，得到输出向量。相继的计算层在卷积和池化之间的连续交替，我们得到一个类似"双尖塔"的效果，也就是在每个卷积或抽样层，随着空间分辨率下降，与相应的前一层相比特征映射的数量增加。卷积之后进行子抽样的思想是受到动物视觉系统中的"简单的"细胞后面跟着"复杂的"细胞的想法而产生的。

整个网络包含近似 100 000 个突触连接，但只有大约 2 600 个自由参数。自由参数在数量上显著地减少是通过权值共享达成的，学习机器的能力（以 VC 维的形式度量）因而下降，这又提高了它的泛化能力。而且它对自由参数的调整是通过反向传播学习的随机形式来实现。另一个显著的特点是使用权值共享使得以并行形式实现卷积网络变得可能。这是卷积网络对全连接的多层感知器而言的另一个优点。

9.4.3 CNN 的应用

由于 CNN 在神经网络的结构上是针对视觉输入本身的特点所做的特定设计，所以它是计算机视觉领域使用深度神经网络的不二选择。在 2012 年，CNN 一举打破了 ImageNet 图像识别竞赛的世界纪录之后，计算机视觉领域发生了天翻地覆的变化，各种视觉任务都放弃了传统方法，启用了 CNN 来构建新的模型。无人驾驶的感知部分作为计算机视觉的领域范围，也不可避免地成为 CNN 发挥作用的舞台。

为了实现端到端的模型结构，需要用 CNN 实现特征提取，匹配打分和全局优化等功能。FlowNet 采取 encoder-decoder 框架，把一个 CNN 分成了收缩和扩张两部分，如图 9.8 所示。

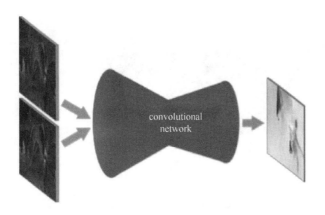

图 9.8 encoder-decoder 的框架

在收缩部分 FlowNet 提出了两种可能的模型结构（见图 9.9）：

（1）FlowNetSimple。把两幅图片叠起来输入到一个"线性"的 CNN 中，其输出是每个像素的偏移量。这个模型的弱点是计算量大，而且无法考虑全局的优化手段，因为每个像素的输出是独立的。

（2）FlowNetCorr。先对两幅图片分别进行特征的提取，然后通过一个相关层把两个分支合并起来并继续下面的卷积层运算。这个相关层的计算和卷积层类似，只是没有了特征权重，而是由两个分支得到的隐层输出相乘求和。

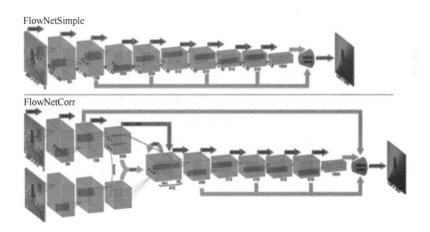

图 9.9 FlowNetSimple 与 FlowNetCorr

FlowNet 网络收缩部分不仅减少了 CNN 的计算量，同时起到了在图像平面上聚合信息的作用，这也导致分辨率下降。于是在 FlowNet 网络扩张部分使用"up convolution"来提高分辨率，注意这里不仅使用了上一层的低分辨率输出，还使用了网络收缩部分相同尺度的隐层输出，如图 9.10 所示。

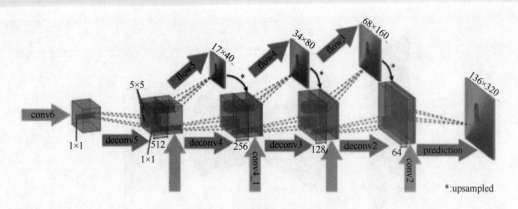

图 9.10　FlowNet 网络扩张

FlowNet 算法在常见的公开数据集上都获得了不错的效果，值得一提的是它的速度很快。

9.5　RNN 循环神经网络

CNN 在图像处理领域的成功运用引发了很大的反响，人们发现深度学习不再是一种高深莫测的理论，人工智能也不再是科幻电影中的场景。研究者们发现通过改变深度神经网络的结构可以解决各种工程问题，此时语音识别 RNN 就应运而生。

语音识别中很重要的一部分就是分段，一句话，不同的方式分段会形成完全不同的意思。相比较 RNN 而言，CNN 更多的是针对分类识别问题，所以只要训练数据足够多，CNN 都能解决。但对于语音识别、智能翻译方面，由于 CNN 是对每一个个体进行学习，它能有效地把握个体的特征，却无法学习它们相互之间的联系，所以 CNN 的能力就有所不足。实际上，从用来训练的数据集中也能看出，CNN 用来训练的数据集大多是散乱的、无序的数据集，即数据与数据之间没有很大的关联。

那么对于那些训练数据是连续的、有序的，如一段连续的语音，一段连续的文字，该如何训练呢？这些训练数据有四大特点：①比较长；②长度不一；③前后有逻辑关联；④很难分成一个个独立的样本。此时，一个新的网络就被开发出来了——循环神经网络（Recurrent Neural Networks，RNN），它广泛地用于自然语言处理、语音识别、手写识别以及机器翻译等领域。

深度学习网络是计算机模仿人类的思维感知方式的产物。人类的思考是具有持久性的，人会将知识积累下来，而不是每一次都从一片空白开始思考问题，例如当你在阅读一句话时，理解它的方式是通过自己已经拥有的单词、知识等来推断每个词的含义和作用，从而理解这句话的意思。类似地，RNN 与 CNN 本质上的不同就是，它不会将之前所有的信息都全部丢弃，然后用空白的大脑进行思考。RNN 是包含循环的网络，它允许信息的持久化。

总结一下：CNN 每层之间的输入与输出是相互独立的，所以它能很好地处理分类问题，例如人就是人、车就是车，对于网络来说两者之间没有联系。但 RNN 的输出依赖于当前的输入和过去的输出，它拥有"记忆"能力——获取和保存已经计算过的信息，整个网络就如同一个循环。这样做是为了模仿人的记忆能力。

9.5.1 RNN 的结构

图 9.11 所示就是一个典型的 RNN 模型，与之前的深层神经网络相同，都是输入一个序列 X 后输出一个值 H。而不同的是，隐含层 S 有一个循环的过程，这个循环目的是使得信息可以从当前步传递到下一步。所以 S 就可以被看作是一个记忆模块，即对 S 会有多次计算，使得整个网络把当前时刻的记忆传递到下一个时刻。U 和 V 可以理解为一个公式，U 是输入层到隐含层的权重矩阵，V 是隐含层到输出层的权重矩阵。整个网络的计算过程可以理解为：

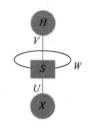

图 9.11 RNN 模型

$$H = g(V \cdot S)$$
$$S = f(U \cdot X + W \cdot S')$$

这就是整个 RNN 的计算公式，其中变量 S' 是指上一个时刻的记忆内容，f 是一个非线性函数，通常为 tanh/ReLU，g 是 softmax 函数。为了更好地理解循环的概念，可以先做这样一个假设——网络的输入是一句包含 7 个单词的语句序列。将这个循环展开，一步步来看一下循环中到底发生了什么。

在图 9.12 中，定义 X_t 为当前时刻 t 的输入，$t=1,2,3,\cdots,7$。S_t 是在时刻 t 的记忆模块，相当于大脑的记忆缓存区。以第 2 个时刻的过程为例，输出 $H_2 = g(V \cdot S_2)$，输出 H_2 就是第二时刻的记忆 S_2，而 $S_2 = f(U \cdot X_2 + W \cdot S_1)$，此时 X_2 对应于句子的第二个单词，S_1 对应的是第一个单词，也就是说此时输出包含了第一个单词和第二个单词，整个网络在这时记住了句子的前两个单词。依此类推，最后一个时刻输出所包含的就是一整句话。同时，网络完成了对语句中每一个单词，以及单词和单词之间联系的学习。最后，可以将公式泛化并把时刻的概念加入，整个 RNN 的公式就是：

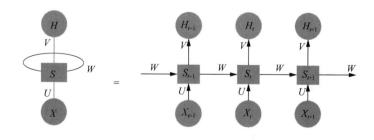

图 9.12 RNN 模型的展开

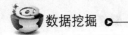

$$H_t = g(V \cdot S_t)$$
$$S_t = f(U \cdot X_t + W \cdot S_{t-1})$$

其实不难发现，RNN 网络的这种结构具有链式特征。这个特点说明了 RNN 本质上是符合序列和列表的逻辑的。也就是说，理论上这样的神经网络架构对于语音这种类型的数据应该是最适用的。实验证明，RNN 的这种结构是有效的。事实上 RNN 在语音识别、语言建模、翻译等工程问题上也已经被实际应用。

9.5.2 RNN 的缺陷

从上文来看既然 RNN 可以记忆并理解整个语句，那么为什么现在的语音识别只能理解一些短语或简单的命令，对于稍长一点的句子就无法识别理解呢？其实，这正是 RNN 的缺陷。理论上，RNN 确实是可以处理整个段落甚至于整篇文章，并让计算机理解文章的含义。但在实际上，RNN 不仅不能成功学习到这些知识，更可能发生记忆错误的问题。

下面用一个实际的例子来解释一下原因。让训练好的 RNN 模型基于前一个词来预测下一个词。如果试着预测 "the grass is green" 这句话中的最后一个词，对于人来说不需要这句话的上下文，就知道答案是 green，因为这是一个常识。在这样的句子中，相关的信息和预测的词位置之间的间隔是非常小的，只相隔一个 is。经过训练 RNN 可以学会并使用先前的信息，即 grass=green，如同人的常识一样。

但当遇到稍微复杂一些的句子，例如预测 "I live in CHINA and I grow up here. So I can speak Chinese." 这句话最后一个词。对于人来说，之所以能得出答案为 Chinese，是因为先前提到了 CHINA 这个词。这两个单词在语句中的位置相隔很远，但是不影响人的记忆和推理。而对于计算机来说，如果相关信息和当前预测位置之间的间隔变得相当的大，例如图 9.13 中的 h_1 和 h_n，那么它们之间的联系就会很弱，难以被网络学习。RNN 还是会按照先前的思维 I=here/CHINA/Chinese，最终得到错误的答案。因此，当这个间隔不断增大时，RNN 就会丧失学习到较远的信息的能力，更难以学习整段话的含义。

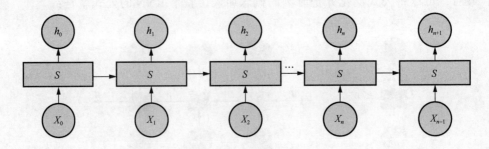

图 9.13　针对长序列的 RNN 网络

9.5.3 RNN 的应用

针对 RNN 的缺陷，研究者们利用长短句的规律在 RNN 的基础上开发了一种新网络——LSTM。它比标准的 RNN 在很多的任务上都表现得更好。现在关于 RNN，几乎所有令人振奋的结果都是通过 LSTM 达到的，如早期的机器翻译、图像描述等，近几年，针对人们生活的变化，许多 RNN 应用也应运而生，如音乐推荐、网易考拉商品推荐、YouTube 视频推荐等。

其中最有意思的一个推荐就是应用于网易考拉的 RNN 推荐系统，它根据用户浏览的商品记录，实时给用户推荐他最可能购买的商品。网易考拉系统结合了 RNN 和协同过滤。只针对 RNN 这一部分来看，这个推荐系统是很有意思的。RNN 部分最大的一个特点就是实时推荐，提供一个浏览记录序列，RNN 当即根据之前的学习结果给出推荐结果，如果用户购买，则说明推荐是成功的；如果用户没有购买，则继续调整参数，让学习模型更可靠。这个应用的 RNN 部分提出了一个历史状态的概念。因为 RNN 学习能力是有限的，如果序列过长，学习效果会变得不理想，所以会取滑动窗口。对于这个系统，研究人员发现一般用户浏览 50 个商品后会产生购买行为，所以以最近的 50 条浏览记录作为输入。但是 50 条浏览记录之前的历史状态就会被抛弃。针对这个问题，研究人将历史状态总和作为一个影响因子，加入到学习系统中，最后取得了不错的推荐效果。

9.6 生成对抗网络

生成式对抗网络（Generative Adversarial Networks，GAN）是由 Lan Goodfellow 在 "Generative Adversarial Networks" 中所提出的（这篇文章是 GAN 的开山之作），目前已成为深度学习领域中一个热门的研究方向。

GAN 的思想来源于博弈论中的二人零和博弈，在二人零和博弈中，两位博弈方的利益之和为零或一个常数，即一方有所得，另一方必有所失。GAN 模型中的两位博弈方分别由生成模型 G（Generative Model）和判别模型 D（Discriminative Model）来充当，通过两者相互对抗进行学习。其中，生成模型 G 是用来捕捉真实样本数据的潜在分布，并生成一个新的数据样本；判别模型 D 则是一个二分类器，用来判别输入是真实数据还是生成样本。GAN 的优化过程是一个 "极小极大博弈" 问题，优化目的是要达到纳什均衡，使生成模型 G 恢复到训练数据的分布，判别模型 D 的准确率等于 50%。

以图 9.14 为例，更形象地来介绍一下整个过程：用两句话来概括，G 的任务是尽可能地生成无限接近于真实样本的图片 $G(z')$，D 的任务则是尽量把生成图片 $G(z')$ 和

真实图片 $G(z)$ 区分出来。这样，G 和 D 就是处在一个不断博弈的过程。最终博弈后的结果，在最理想状态下，G 能够生成出"高仿"的图片 $G(z')$，而 D 无法去区别 $G(z)$ 与 $G(z')$，让 D 觉得 $G(z)$ 也是真实图片，那目的也就到达了。训练完成后，会得到一个生成模型 G，而在应用中只需要将其数据输入进生成网络中即可。

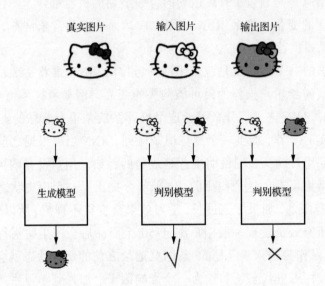

图 9.14　GAN 简单示例

9.6.1　GAN 的原理与架构

在简单说明了 GAN 的整个想法后，来分析一下 Lan Goodfellow 论文中的核心公式：

$$\min_G \max_D V(D,G) = E_{z\sim P\mathrm{data}(z)}[\log D(z)] + E_{z'\sim Pz'(z')}[\log(1 - D(G(z')))]$$

首先说明式子中的重要参数。在上式中，z 表示真实图片，$D(z)$ 表示图片 z 为真实图片的概率（因为 z 就是真实的，所以对于 D 来说，这个值越接近 1 越好）；z' 表示包含噪声的输入，而 $G(z')$ 表示输入通过 G 生成的图片，$D(G(z'))$ 是 D 判断 G 生成的图片是否真实的概率。

接下来，分别说明 G 和 D 的目标。

G 的目标：之前说过，G 目标是让自己生成的图片真假难辨，即 G 希望 $D(G(z))$ 尽可能地变大，同时 $V(D, G)$ 必然会变小。所以，式子最前面的记号是 $\min\limits_G$。

D 的目标：对于 D 而言，其判别真假能力当然是越强越好，因此 $D(z)$ 应该越大好。而 G 生成的图片 $G(z')$ 哪怕无限接近于真实，它也是假的，所以对于 D 来说 $D(G(z'))$ 应该越小越好。这时 $V(D,G)$ 会变大。所以，式子对于 D 来说是 $\max\limits_D$。

现在，知道了需要 $\min_G$ 以及 $\max_D$，那么如何去训练 D 与 G 到达这个效果呢？最常用的还是 Ian Goodfellow 论文 *Generative Adversarial Networks* 中提到的方法，如图 9.15 所示。训练生成模型 G 时，希望 $V(G,D)$ 尽量小，所以要减小它的梯度，整个网络如图 9.16 所示。训练判别模型 D 时，希望 $V(G,D)$ 尽量大，所以要增加它的梯度，如图 9.17 所示。整个训练过程就是两者不断交替。

Algorithm 1 Minibatch stochastic gradient descent training of generative adversarial nets. The number of steps to apply to the discriminator, k, is a hyperparameter. We used $k = 1$, the least expensive option, in our experiments.

for number of training iterations **do**
    for k steps **do**
        • Sample minibatch of m noise samples $\{z^{(1)}, \ldots, z^{(m)}\}$ from noise prior $p_g(z)$.
        • Sample minibatch of m examples $\{x^{(1)}, \ldots, x^{(m)}\}$ from data generating distribution $p_{\text{data}}(x)$.
        • Update the discriminator by ascending its stochastic gradient:

$$\nabla_{\theta_d} \frac{1}{m} \sum_{i=1}^{m} \left[\log D\left(x^{(i)}\right) + \log\left(1 - D\left(G\left(z^{(i)}\right)\right)\right) \right].$$

    end for
    • Sample minibatch of m noise samples $\{z^{(1)}, \ldots, z^{(m)}\}$ from noise prior $p_g(z)$.
    • Update the generator by descending its stochastic gradient:

$$\nabla_{\theta_g} \frac{1}{m} \sum_{i=1}^{m} \log\left(1 - D\left(G\left(z^{(i)}\right)\right)\right).$$

end for
The gradient-based updates can use any standard gradient-based learning rule. We used momentum in our experiments.

图 9.15　GAN 网络中的梯度下降方式

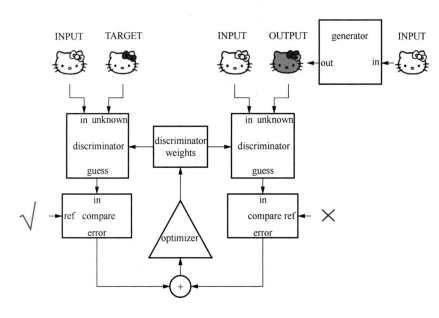

图 9.16　GAN 训练 G 模型

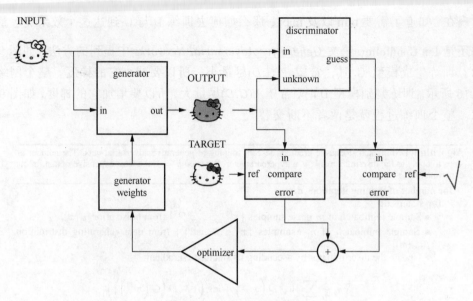

图 9.17　GAN 训练 D 模型

9.6.2　GAN 的应用

　　GAN 在历史档案图像检索中大放异彩（见图 9.18），一个突出实例是 Prize Papers 中相似标记的检索。Prize Papers 是海洋史上最具价值的档案之一。对抗网络的应用使得处理这些具有历史意义的文件更加容易。

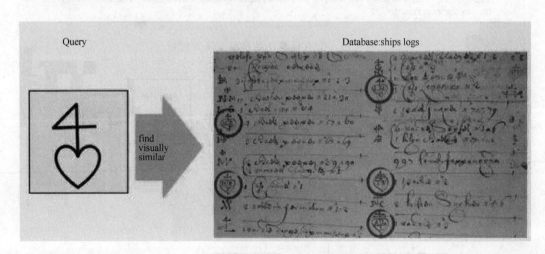

图 9.18　GAN 的档案检索

　　每个能够查询到的记录都包含各自的商标——商家属性的唯一标识，是类似于象形文字的图形符号。我们的目标是获得每个商标的特征表示。但是应用常规的机器学习和深度学习方法（包括卷积神经网络）存在一些问题：这些方法都需要大量经过标注的图像，而商标一般没有标注。即使有，这样的标注也无法从数据集中分割出去。

这种新方法显示了如何使用 GAN 从商标的图像中提取和学习特征。在学习每个商标的特征之后，就可以在扫描文档上按图形搜索。

另一类应用是翻译，包括将文本翻译成图像以及图像翻译成图像。相关研究表明，使用自然语言的描述属性生成相应的图像是可行的。文本转换成图像的方法可以说明生成模型模拟真实数据样本的性能。GAN 不直接使用输入和输出对。相反，它们学习如何给输入和输出配对。图 9.19 是从文本描述中生成图像的示例。

图 9.19　GAN 的图像翻译

1. 有如下神经网络，这个神经网络有（　　　）层，其中（　　　）层是隐含层。

A. 4；3
B. 3；3
C. 4；4
D. 5；4

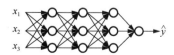

2. 某个卷积层有 7 个大小为 14×14 的特征图，卷积核大小为 3×3，则参数总数为（　　　　）（包括偏置参数）。

  A. 9   B. 70

  C. 10   D. 64

3. 输入大小为 nH*nW*nC 的图像。下列说法哪些是正确的（　　　　）（假设所说的"3×3 卷积核"的步长为 1 且无填充）。

  A. 可以用一个池化层减小 nH、nW，但是不能减小 nC

  B. 可以用一个 3×3 的卷积层减小 nC，但是不能减小 nH、nW

  C. 可以用一个池化层减小 nH、nW 和 nC

  D. 可以用一个 3×3 的卷积层减小 nC、nH 和 nW

4. RNN 常被用于机器翻译的原因是（　　　　），比如说将中文翻译到英文。

  A. 因为它可以被训练成一个监督学习问题

  B. 它完全超越了 CNN

  C. RNN 允许信息的持久化

  D. RNN 体现了算法—代码—实验检验的科学思想

5. GAN 的优化目标：判别模型的准确率最终应达到（　　　　）。

  A. 0   B. 1

  C. 0.5   D. 0.25

6. 简述传统神经网络出现"梯度扩散"问题的原因。

7. 简述深度神经网络是如何模拟人脑机制的。

8. 写出图 9-5 中 $y[2,2]$ 的具体计算过程。

9. RNN 与 CNN 在结构和功能上的主要区别是什么？

10. 用一个实例说明 GAN 是如何工作的。

使用 Weka 进行数据挖掘 «

10.1 概　　述

　　新西兰怀卡托大学的伊贝·弗兰克（Eibe Frank）和伊兰·H·维特（Ian H.Witten）开发了怀卡托智能分析环境（Waikato Environment for Knowledge Analysis，Weka）。经过多年的发展，Weka 在数据挖掘中的应用非常广泛，是数据挖掘中的一个重要的工具。

　　Weka 无需编程也能克服过程极为复杂和缺少资深的技术背景为基础的数据挖掘，同时它提供了用户界面统一和数据可视化工具。Weka 是一个集合了多种数据挖掘任务全开放的数据挖掘平台，它可以对数据类、聚类、回归、关联规则处理。Weka存储数据的格式是 ARFF（Attribute Relation File Format）文件。

　　如果数据格式不是 ARFF 格式，在使用 Weka 进行数据挖掘时就要进行数据格式的转换。我们首先可以将原始 Excel 的 xls 文件转换成 CSV 格式，然后在 Weka中使用将 Tools 菜单下的命令设置为 ArffViewer 后，打开 CSV 格式的文件将其另存为 ARFF 格式即可，同时 ARFF 格式文件由一组实例组成，并且每个实例的属性值由逗号分开。

　　Weka 支持的数据格式有 4 个：①数字，支持实时和整数两种；②分类，在一对大括号中直接列出所有可能的可能性；③字符串，字符串类型；④日期和时间类型，ISO-8601 格式的支持。

10.2 Weka 关联数据挖掘的基本操作

　　Weka 主界面为 Weka GUI 选择器，它通过右边的 4 个按钮提供 4 种主要的应用程序供用户选择，如图 10.1 所示。

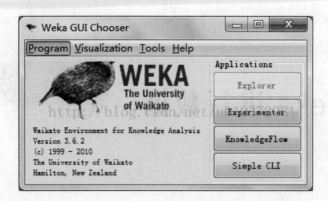

图 10.1　Weka 主界面

单击 Explorer 按钮，打开 Weka Explorer 界面，如图 10.2 所示。

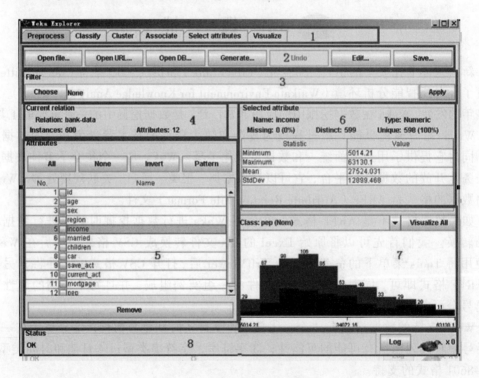

图 10.2　Weka Explorer 界面

区域 1 的几个选项卡是用来切换不同的挖掘任务面板的。这一节用到的只有
Preprocess，其他面板的功能将在后面介绍。

区域 2 是一些常用按钮，包括打开数据、保存及编辑功能。

区域 3 中 Choose 按钮选择某个 Filter，可以实现筛选数据或者对数据进行某种变
换。数据预处理主要就利用它来实现。

区域 4 展示了数据集的一些基本情况。

区域 5 中列出了数据集的所有属性。勾选一些属性并单击 Remove 按钮就可以删除它们，删除后还可以利用区域 2 的 Undo 按钮找回。区域 5 上方的一排按钮是用来实现快速勾选的。

在区域 5 中选中某个属性，区域 6 中则显示有关这个属性的摘要。注意对于数值属性和分类属性，摘要的方式是不一样的。图中显示的是对数值属性 income 的摘要。

区域 7 是区域 5 中选中属性的直方图。若数据集的最后一个属性（这是分类或回归任务的默认目标变量）是分类变量（这里的 pep 正好是），直方图中的每个长方形就会按照该变量的比例分成不同颜色的段。要想换个分段的依据，在区域 7 上方的下拉列表框中选择不同的分类属性即可。在下拉列表框中选择 No Class 或者一个数值属性会变成黑白的直方图。

区域 8 是状态栏，可以查看 Log 以判断是否有错。右边的 Weka 鸟在动的话说明 Weka 正在执行挖掘任务。右击状态栏还可以执行 Java 内存的垃圾回收。

以 weather.arff 进行一次操作过程演示，在 Weka Explorer 界面图中单击 Open file 按钮。

弹出"打开"对话框，如图 10.3 所示。

图 10.3 "打开"对话框

在 Weka 的安装文件一级目录下，有一个 data 文件夹，下面有它自己附带的几个 ARFF 数据文件，如图 10.4 所示。

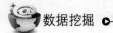

图 10.4　data 文件夹

导入最经典的决策树所需要的数据 weather.arff 文件，Weka 将开始装入数据，识别相应的属性，并在数据扫描期间计算每个属性的一些基本统计量，如图 10.5 所示。

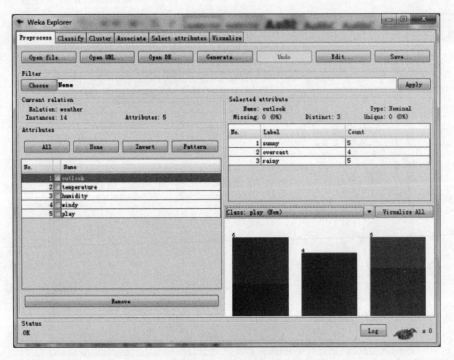

图 10.5　导入数据

单击左边 Attribute 区域中的任意属性将会在右侧的 Select attribute 区域中显示该属性的基本统计量，对于分类属性，将显示每个属性值的频度，选择 outlook（分类属性），Select attribute 区域显示如图 10.6 所示。

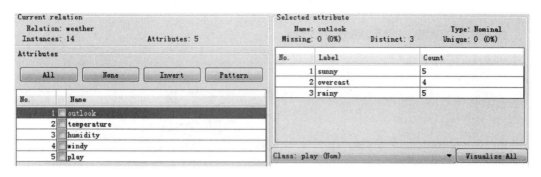

图 10.6　outlook 属性的基本统计量

而对于连续属性，可以看到最小值、最大值、均值（Mean）和标准差（StdDev）等，选择 temperature（连续属性），Select attribute 区域显示如图 10.7 所示。

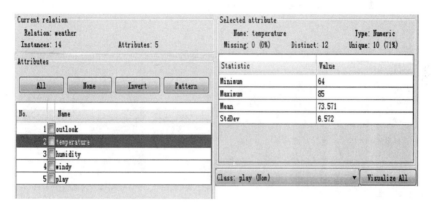

图 10.7　temperature 属性的基本统计量

选定 outlook 属性，观察右下角的图像区域，由于分段依据是 Class：play（Nom），也就是分类或回归任务的默认目标变量，outlook 对应的直方图如图 10.8 所示。

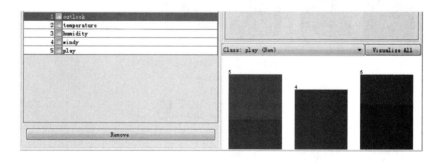

图 10.8　outlook 对应的直方图

横坐标对应的是分类属性 outlook 的值：sunny overcast rainy，纵坐标代表的是频度，而分段依据就是是否出去玩（play），蓝色代表出去玩，红色代表不出去玩。temperature 对应的直方图如图 10.9 所示。

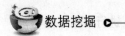

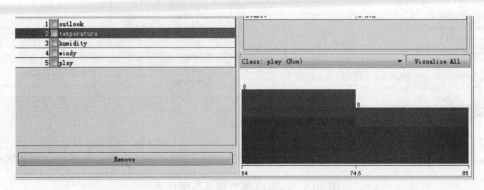

图 10.9　temperature 对应的直方图

横坐标对应的是连续属性 temperature 的值，这样我们取某段横坐标，那么分割开来也就是和分类属性 outlook 所对应的直方图了。点击 Visualize All，如图 10.10 所示。

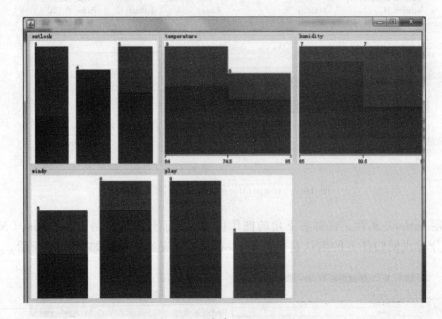

图 10.10　点击 Visualize All

10.3　数据格式

Weka 所处理的数据集是如图 10.11 所示的一个二维表格。

表格中的一个横行称作一个实例（Instance），相当于统计学中的一个样本，或者数据库中的一条记录。竖行称作一个属性（Attrbute），相当于统计学中的一个变量，或者数据库中的一个字段。这样的一个表格，或者叫数据集，在 Weka 看来，呈现了属性之间的一种关系（Relation）。图 10.11 中一共有 14 个实例，5 个属性，关系名称为 weather。

weather.arff					
Relation: weather					
No.	1.outlook Nominal	2.temperature Numeric	3.humidity Numeric	4.windy Nominal	5.**play** Nominal
1	sunny	85.0	85.0	FALSE	no
2	sunny	80.0	90.0	TRUE	no
3	overcast	83.0	86.0	FALSE	yes
4	rainy	70.0	96.0	FALSE	yes
5	rainy	68.0	80.0	FALSE	yes
6	rainy	65.0	70.0	TRUE	no
7	overcast	64.0	65.0	TRUE	yes
8	sunny	72.0	95.0	FALSE	no
9	sunny	69.0	70.0	FALSE	yes
10	rainy	75.0	80.0	FALSE	yes
11	sunny	75.0	70.0	TRUE	yes
12	overcast	72.0	90.0	TRUE	yes
13	overcast	81.0	75.0	FALSE	yes
14	rainy	71.0	91.0	TRUE	no

图 10.11 Weka 数据集

Wcka 存储数据的格式是 ARFF（Attribute-Relation File Format）文件，这是一种 ASCII 文本文件。图 10.11 所示的二维表格存储在图 10.12 所示的 ARFF 文件中。这也就是 Weka 自带的 weather.arff 文件，在 Weka 安装目录的 data 子目录下可以找到。

```
Code:

% ARFF file for the weather data with some numeric features
%
@relation weather

@attribute outlook {sunny, overcast, rainy}
@attribute temperature real
@attribute humidity real
@attribute windy {TRUE, FALSE}
@attribute play {yes, no}

@data
%
% 14 instances
%
sunny,85,85,FALSE,no
sunny,80,90,TRUE,no
overcast,83,86,FALSE,yes
rainy,70,96,FALSE,yes
rainy,68,80,FALSE,yes
rainy,65,70,TRUE,no
overcast,64,65,TRUE,yes
sunny,72,95,FALSE,no
sunny,69,70,FALSE,yes
rainy,75,80,FALSE,yes
sunny,75,70,TRUE,yes
overcast,72,90,TRUE,yes
overcast,81,75,FALSE,yes
rainy,71,91,TRUE,no
```

图 10.12 点击 data 后得到

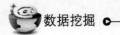

需要注意的是，在 Windows 记事本打开这个文件时，可能会因为回车符定义不一致而导致分行不正常。推荐使用 UltraEdit 这样的字符编辑软件查看 ARFF 文件的内容。

10.4　关联规则挖掘

先用标准数据集 normalBasket.arff（见图 10.13）的数据测试 Weka 的 apriori 算法。

```
@relation 'basket'
@attribute fruitveg {T}
@attribute freshmeat {T}
@attribute dairy {T}
@attribute cannedveg {T}
@attribute cannedmeat {T}
@attribute frozenmeal {T}
@attribute beer {T}
@attribute wine {T}
@attribute softdrink {T}
@attribute fish {T}
@attribute confectionery {T}
@data
? T T ? ? ? ? ? ? ? T
? T ? ? ? ? ? ? ? ? T
? ? ? T ? T T ? ? T ?
? T ? ? ? ? T ? ? ?
? ? ? ? ? ? ? T ? ? ?
T ? ? ? ? ? ? T ? ? ?
? ? ? ? ? T ? ? ? ? ?
T ? ? ? T ? ? ? ? ? ?
T T T ? ? ? T ? ? ? ?
? ? ? ? ? ? ? ? T ? ?
? ? T ? T T ? ? ? T ?
? ? ? ? ? ? ? ? ? T ?
T ? ? ? ? ? ? T T ? ?
? ? ? ? T T ? T ? ? ?
T ? ? T ? ? ? ? ? T ?
? ? ? ? ? ? ? ? T ? ?
```

图 10.13　apriori 算法

（1）运行 Weka，单击 Explorer 按钮，如图 10.14 所示。

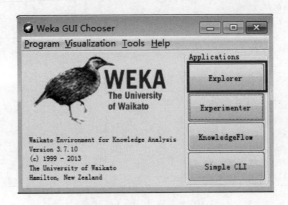

图 10.14　单击 Explorer 按钮

（4）参数设置如图 10.17 所示。

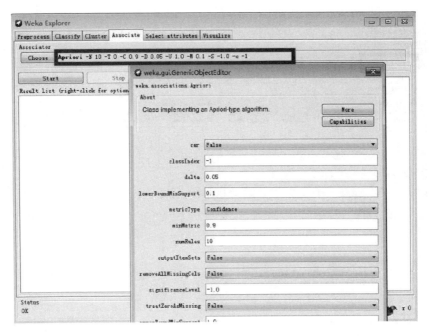

图 10.17　设置参数

参数主要是选择支持度（lowerBoundMinSupport），规则评价机制（metriType）及对应的最小值，参数设置说明如下：

（1）car：如果设为真，则会挖掘类关联规则而不是全局关联规则。

（2）classindex：类属性索引。如果设置为–1，最后的属性被当作类属性。

（3）delta：以此数值为迭代递减单位。不断减小支持度直至达到最小支持度或产生了满足数量要求的规则。

（4）lowerBoundMinSupport：最小支持度下界。

（5）metricType：度量类型。设置对规则进行排序的度量依据。可以是置信度（类关联规则只能用置信度挖掘）、提升度（lift）、杠杆率（leverage）、确信度（conviction）。

在 Weka 中设置了几个类似置信度（confidence）的度量来衡量规则的关联程度，它们分别是：

① Lift:$P(A,B)/(P(A)P(B))$　Lift=1 时表示 A 和 B 独立。这个数越大（>1），越表明 A 和 B 存在于一个购物篮中不是偶然现象，有较强的关联度。

② Leverage:$P(A,B)-P(A)P(B)$　Leverage=0 时 A 和 B 独立，Leverage 越大 A 和 B 的关系越密切。

③ Conviction:$P(A)P(!B)/P(A,!B)$（!B 表示 B 没有发生）　Conviction 也是用来衡量 A 和 B 的独立性。从它和 lift 的关系（对 B 取反，代入 Lift 公式后求倒数）可以看出，这个值越大，A、B 越关联。

（6）minMtric：度量的最小值。

（2）在 Weka Explorer 界面中单击 Open file 按钮，以打开文件，如图 10.15 所示。

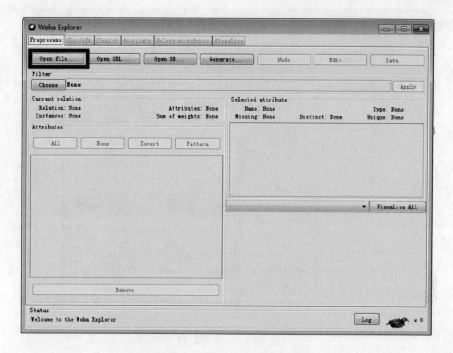

图 10.15　单击 Open file 按钮

（3）选择关联规则挖掘并选择算法，如图 10.16 所示。

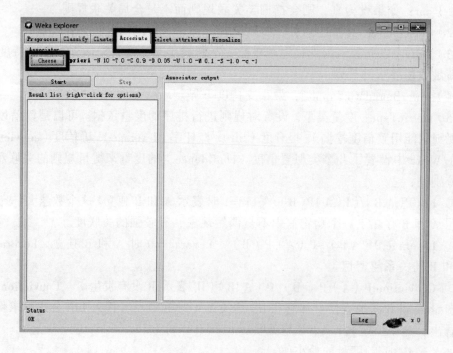

图 10.16　选择算法

（7）numRules：要发现的规则数。

（8）outputItemSets：如果设置为真，会在结果中输出项集。

（9）removeAllMissingCols：移除全部为默认值的列。

（10）significanceLevel：重要程度。重要性测试（仅用于置信度）。

（11）upperBoundMinSupport：最小支持度上界。从这个值开始迭代减小最小支持度。

（12）verbose：如果设置为真，则算法会以冗余模式运行。

设置好参数后单击 start 按钮运行，可以看到 Apriori 的运行结果，如图 10.18 所示。

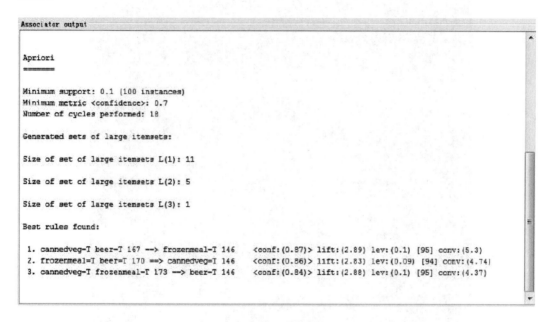

图 10.18 运行结果

10.5 分类与回归

Weka 把分类（Classification）和回归（Regression）都放在 Classify 选项卡中，在 Weka 中，待预测的目标（输出）被称作 Class 属性，这应该是来自分类任务的"类"。一般的，若 Class 属性是分类型时我们的任务才称为分类，Class 属性是数值型时我们的任务称为回归。使用 C4.5 决策树算法对 bank-data 建立起分类模型。看原来的 bank-data.csv 文件。ID 属性肯定是不需要的。打开训练集 bank.arff，观察它是不是按照前面的要求进行了处理。切换到 Classify 选项卡，单击 Choose 按钮后可以看到很多分类或者回归的算法分门别类地列在一个树形框中。3.5 版的 Weka 中，树形框下方有一个 Filter 按钮，单击该按钮可以根据数据集的特性过滤掉不合适的算法。数据集的输入属性中有 Binary 型（即只有两个类的分类型）和数值型的属性，而 Class 变量是 Binary 型；于是勾选 Binary attributes、Numeric attributes 和 Binary class。单击 OK 按钮后回到树形图，可以发现一些算法名称变成红色，说明它们不能用。选择 trees 下的 J48，这就是我们需要的 C4.5 算法，还好它没有变红。图 10.19 所示为分类算法。

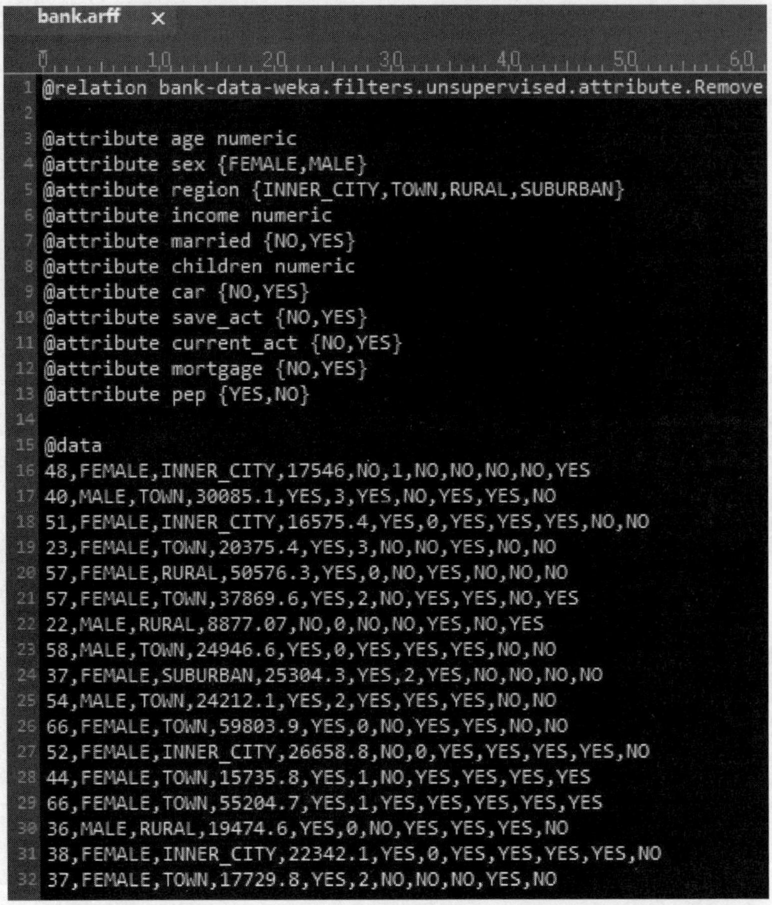

```
bank.arff  ×

     0         1.0         2.0         3.0         4.0         5.0         6.0
1  @relation bank-data-weka.filters.unsupervised.attribute.Remove
2
3  @attribute age numeric
4  @attribute sex {FEMALE,MALE}
5  @attribute region {INNER_CITY,TOWN,RURAL,SUBURBAN}
6  @attribute income numeric
7  @attribute married {NO,YES}
8  @attribute children numeric
9  @attribute car {NO,YES}
10 @attribute save_act {NO,YES}
11 @attribute current_act {NO,YES}
12 @attribute mortgage {NO,YES}
13 @attribute pep {YES,NO}
14
15 @data
16 48,FEMALE,INNER_CITY,17546,NO,1,NO,NO,NO,NO,YES
17 40,MALE,TOWN,30085.1,YES,3,YES,NO,YES,YES,NO
18 51,FEMALE,INNER_CITY,16575.4,YES,0,YES,YES,YES,NO,NO
19 23,FEMALE,TOWN,20375.4,YES,3,NO,NO,YES,NO,NO
20 57,FEMALE,RURAL,50576.3,YES,0,NO,YES,NO,NO,NO
21 57,FEMALE,TOWN,37869.6,YES,2,NO,YES,YES,NO,YES
22 22,MALE,RURAL,8877.07,NO,0,NO,NO,YES,NO,YES
23 58,MALE,TOWN,24946.6,YES,0,YES,YES,YES,NO,NO
24 37,FEMALE,SUBURBAN,25304.3,YES,2,YES,NO,NO,NO,NO
25 54,MALE,TOWN,24212.1,YES,2,YES,YES,NO,NO,NO
26 66,FEMALE,TOWN,59803.9,YES,0,NO,YES,YES,NO,NO
27 52,FEMALE,INNER_CITY,26658.8,NO,0,YES,YES,YES,YES,NO
28 44,FEMALE,TOWN,15735.8,YES,1,NO,YES,YES,YES,YES
29 66,FEMALE,TOWN,55204.7,YES,1,YES,YES,YES,YES,YES
30 36,MALE,RURAL,19474.6,YES,0,NO,YES,YES,YES,NO
31 38,FEMALE,INNER_CITY,22342.1,YES,0,YES,YES,YES,YES,NO
32 37,FEMALE,TOWN,17729.8,YES,2,NO,NO,NO,YES,NO
```

图 10.19　分类算法

单击 Choose 右边的文本框，在弹出的新窗口中为该算法设置各种参数。单击 More 查看参数说明，单击"Capabilities"查看算法适用范围。这里保持默认参数。为了保证生成的模型的准确性而不至于出现过拟合（overfitting）的现象，我们有必要采用 10-折交叉验证来选择和评估模型。

选中 Cross-validation 单选按钮，并在 Folds 文本框中输 10。单击 Start 按钮开始让算法生成决策树模型。用文本表示的一棵决策树，以及对这个决策树的误差分析等结果很快出现在右边的 Classifier output 列表框中。同时左下角的 Results list 列表框中出现一个项目，显示刚才的时间和算法名称。如果换一个模型或者换个参数，再次单击 Start 按钮，则 Results list 列表框中又会多出一项。我们看到"J48"算法交叉验证的结果之一为（Correctly Classified Instances 206）68.666 7 %，也就是说这个模型的准确度只有 69%左右。也许我们需要对原属性进行处理，或者修改算法的参数来提高准确度。但这里暂时不管它，继续用这个模型。右击 Results list 列表框刚才出现的那一项，在弹出菜单中选择 Visualize tree 命令，新窗口中可以看到图形模式的决策树。建议把这个新窗口最大化，然后右击，选择 Fit to screen 命令，可以把这个树看清楚些。这里解释一下 Confusion Matrix 的含义：

```
=== Confusion Matrix ===
  a  b  <-- classified as
 74 64 | a = YES
 30 132 | b = NO
```

这个矩阵是说，原本 pep 是 YES 的实例，有 74 个被正确地预测为 YES，有 64 个错误的预测为 NO；原本 pep 是 NO 的实例，有 30 个被错误地预测为 YES，有 132 个正确地预测为 NO。74+64+30+132 = 300 是实例总数，而(74+132)/300 = 0.686 67 正好是正确分类的实例所占的比例。这个矩阵对角线上的数字越大，说明预测得越好。

现在我们要用生成的模型对那些待预测的数据集进行预测。汪意待预测数据集和训练用数据集各个属性的设置必须是一致的。即使没有待预测数据集的 Class 属性的值，也要添加这个属性，可以将该属性在各实例上的值均设成默认值。

在 Test Opion 框中选择 Supplied test set 单选按钮，单击 Set 按钮应用模型的数据集，这里是 bank-new.arff 文件。

现在，右击 Result list 列表中刚产生的那一项，选择 Re-evaluate model on current test set 选项。右边显示结果的区域中会增加一些内容，告诉你该模型应用在这个数据集上将如何表现。如果 Class 属性都是默认值，那这些内容是无意义的，我们关注的是模型在新数据集上的预测值。

选择右键菜单中的 Visualize classifier errors 命令，弹出一个新窗口，显示一些有关预测误差的散点图。单击 Save 按钮，保存为一个 ARFF 文件。打开这个文件可以看到在倒数第二个位置多了一个属性（predictedpep），这个属性上的值就是模型对每个实例的预测值。

虽然使用图形界面查看结果和设置参数很方便，但是最直接最灵活的建模及应用的办法仍是使用命令行。

打开 Simple CLI 模块，像上面那样使用 J48 算法的命令格式为：

```
java  weka.classifiers.trees.J48 -C  0.25  -M  2  -t  directory-path
"bank.arff -d directory-path "bank.model
```

参数 "-C 0.25" 和 "-M 2" 是和图形界面中所设的一样的。"-t" 后面跟着的是训练数据集的完整路径（包括目录和文件名），"-d" 后面跟着的是保存模型的完整路径。可以把模型保存下来。

输入上述命令后，所得到的树模型和误差分析会在 Simple CLI 上方显示，可以复制下来保存在文本文件中。误差是把模型应用到训练集上给出的。

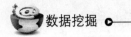

把这个模型应用到 bank-new.arff 所用命令的格式为:

```
java weka.classifiers.trees.J48 -p 9 -l directory-path"bank.model -T
directory-path "bank-new.arff
```

其中,"-p 9"说的是模型中的待预测属性的真实值存在第 9 个(也就是"pep")属性中,这里它们全部未知,因此全部用默认值代替。"-l"后面是模型的完整路径。"-T"后面是待预测数据集的完整路径。

输入上述命令后,在 Simple CLI 上方会有这样一些结果:

```
0 YES 0.75 ?
1 NO 0.7272727272727273 ?
2 YES 0.95 ?
3 YES 0.8813559322033898 ?
4 NO 0.8421052631578947 ?
...
```

这里的第一列就是前面提到过的 Instance_number,第二列是 predictedpep,第四列则是 bank- new.arff 中原来的 pep 值(这里都是"?"默认值)。第三列是对预测结果的置信度(confidence)。比如说对于实例 0,我们有 75%的把握说它的 pep 的值会是 YES;对于实例 4,我们有 84.2%的把握说它的 pep 值会是"NO"。

我们看到,使用命令行至少有两个好处。一个是可以把模型保存下来,这样有新的待预测数据出现时,不用每次重新建模,直接应用保存好的模型即可。另一个是对预测结果给出了置信度,可以有选择地采纳预测结果。

10.6 聚类分析

聚类分析中的"类"(cluster)和前面分类的"类"(class)是不同的,对 cluster 更加准确的翻译应该是"簇"。聚类的任务是把所有的实例分配到若干的簇,使得同一个簇的实例聚集在一个簇中心的周围,它们之间的距离比较近;而不同簇实例之间的距离比较远。对于由数值型属性刻画的实例来说,这个距离通常指欧几里得距离。现在我们对前面的 bank data 做聚类分析,使用最常见的 k 均值算法。下面简单描述 k-均值聚类的步骤。

k-均值算法首先随机地指定 k 个簇中心,然后:①将每个实例分配到距它最近的簇中心,得到 K 个簇;②分别计算各簇中所有实例的均值,把它们作为各簇新的簇中心。重复①和②,直到 K 个簇中心的位置都固定,簇的分配也固定。

上述 K-均值算法只能处理数值型的属性,遇到分类型的属性时要把它变为若干个取值 0 和 1 的属性。Weka 将自动实施这个分类型到数值型的变换,而且 Weka 会自动对数值型的数据做标准化。因此,对于原始数据 bank-data.csv,我们所做的预处理只是删去属性 id,保存为 ARFF 格式后,修改属性 children 为分类型。这样得到的数据文件为 bank.arff,含 600 条实例。

用 Weka Explorer 界面打开刚才得到的 bank.arff，并切换到 Cluster 选项卡。单击 Choose 按钮，选择 SimpleKMeans，这是 Weka 中实现 K 均值的算法。单击旁边的文本框，修改 numClusters 为 6，说明我们希望把这 600 条实例聚成 6 类，即 $k=6$。下面的 seed 参数是要设置一个随机种子，依此产生一个随机数，用来得到 k-均值算法中第一次给出的 k 个簇中心的位置。不妨暂时让它为 10。

选中 Cluster Mode 列表框中的 Use training set 选项，单击 Start 按钮，观察右边 Clusterer output 列表框中给出的聚类结果。也可以在左下角的 Result list 框中右击这次产生的结果上，在 View in separate window 新窗口中浏览结果。

结果中有以下行：

```
Within cluster sum of squared errors: 1604.7416693522332
```

这是评价聚类好坏的标准，数值越小说明同一簇实例之间的距离越小。也许你得到的数值会不一样，实际上如果把 seed 参数改一下，得到的这个数值就会不一样。多尝试几个 seed，并采纳数值最小的那个结果。例如让 seed 取 100，就得到 Within cluster sum of squared errors: 1 555.624 150 762 921 8。当然再尝试几个 seed，这个数值可能会更小。接下来 Cluster centroids:之后列出了各个簇中心的位置。对于数值型的属性，簇中心就是它的均值（Mean）；分类型的就是它的众数（Mode），也就是说这个属性上取值为众数值的实例最多。对于数值型的属性，还给出了它在各个簇中的标准差（Std Devs）。最后的 Clustered Instances 是各个簇中实例的数目及百分比。

为了观察可视化的聚类结果，在左下方的 Result list 列出的结果上右击，选择 Visualize cluster assignments 命令，弹出的窗口给出了各实例的散点图。最上方的两个框是选择横坐标和纵坐标，第二行的 color 是散点图着色的依据，默认是根据不同的簇 Cluster 给实例标上不同的颜色。可以在这里单击 Save 按钮把聚类结果保存成 ARFF 文件。在这个新的 ARFF 文件中，instance_number 属性表示某实例的编号，Cluster 属性表示聚类算法给出的该实例所在的簇。

习　　题

1. Weka 操作时如何保存新的图片？
2. 对于 k-均值算法，最优聚类的评判标准是什么？
3. 设计方案，解决 k-均值算法缺乏对发现的内容进行解释这一问题。
4. 画出使用 Partner 作为根结点的决策树，并写出决策时产生式规则。
5. 关联规则如何使用 Weka 进行分类？
6. 在学校展开打篮球问卷调查活动，考虑在完成一天的学习之后决定是否去打篮球的因素，设计问卷调查，然后整理，生成数据集，建立指导学习模型和无指导聚类模型，然后预测某位同学是否去打篮球？
7. 登录某电子商务网站，查看和收集某些商品的购买信息，提出某些商品一般会被一起购买的假设，采集数据，使用软件进行仿真。

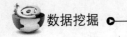

8. 使用 iris 数据集进行 KDD 试验，建立分类模型，评估模型质量，尝试使用无指导聚类技术检测数据集的输入属性的分类预测能力，制定各种属性选择方案，重复进行指导训练，分析评估结果，进一步选择最具典型性实例组成数据集参加训练，分析评估结果。

9. 按照题 8，数据集名为 iris.arff，选择所有 150 个实例和 5 个属性，其中 4 个属性作为输入属性，第 5 个属性 Class 作为输出属性，加载到 Weka。

10. 按照题目 8 使用 Weka 进行有指导学习训练，选择 J48 将 test options 设置为 percentage split，并且默认百分比 0.66，选择 class 为输出属性，并且选中 classifier evaluation options 对话框中的 Output predictions 复选框，用来显示检验集上的预测结果，并进行评估。

拉格朗日优化法 ≪≪

1. 拉格朗日乘子法简介

拉格朗日乘子法（Lagrange multiplier）是一种寻找变量受一个或多个条件所限制的多元函数的极值的方法。此方法将一个有 n 个变量与 k 个约束条件的最优化问题转换为一个有 $n+k$ 个变量的方程组的极值问题，其变量不受任何约束。此方法引入了一种新的标量未知数，即拉格朗日乘子：约束方程的梯度（gradient）的线性组合中每个向量的系数。此方法的证明牵涉偏微分、全微分或链法，从而找到所设的隐函数的微分为零的未知数的解。

拉格朗日乘子法有很直观的几何意义。下面举维基百科中介绍的例子进行简要说明。

假设有自变量 x 和 y，给定约束条件 $g(x,y)=c$，要求 $f(x,y)$ 在约束 g 下的极值。我们可以画出 f 的等高线图，如图 A.1。此时，约束 $g=c$ 由于只有一个自由度，因此也是图中的一条曲线。显然，当约束曲线 $g=c$ 与某一条等高线 $f=d_1$ 相切时，函数 f 取得极值。两曲线相切等价于两曲线在切点处拥有共线的法向量。因此，可得函数 $f(x,y)$ 与 $g(x,y)$ 在切点处的梯度成正比。于是便可以列出方程组求解切点的坐标 (x,y)，进而得到函数 f 的极值。

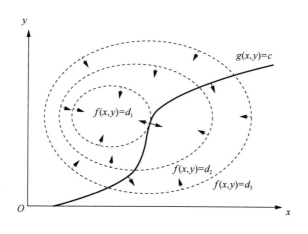

图 A.1　拉格朗日乘子法几何含义

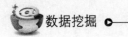

2. 拉格朗日乘子法具体步骤

由于拉格朗日乘子法属于最优化方法中二次规划中的一种方法，所以介绍方法的具体计算步骤可以利用最优化问题来介绍。下面考虑二次规划问题：

$$\min \frac{1}{2} \boldsymbol{x}^{\mathrm{T}} H \boldsymbol{x} + c^{\mathrm{T}} \boldsymbol{x}$$

$$\text{s.t.} \quad \boldsymbol{Ax} = \boldsymbol{b}, \tag{A.1}$$

式中，H 是 n 阶对称矩阵，A 是 $m \times n$ 矩阵，A 的秩为 m，$x \in \mathbf{R}^n$，b 是 m 维列向量。

下面利用拉格朗日乘子法求解此二次规划问题。首先定义拉格朗日函数：

$$L(\boldsymbol{x}, \boldsymbol{\lambda}) = \frac{1}{2} \boldsymbol{x}^{\mathrm{T}} H \boldsymbol{x} + c^{\mathrm{T}} \boldsymbol{x} - \boldsymbol{\lambda}^{\mathrm{T}} (\boldsymbol{Ax} - \boldsymbol{b}), \tag{A.2}$$

式中，$\boldsymbol{\lambda}^{\mathrm{T}}$ 即为拉格朗日乘子向量，令：

$$\nabla_x L(\boldsymbol{x}, \boldsymbol{\lambda}) = 0, \nabla_\lambda L(\boldsymbol{x}, \boldsymbol{\lambda}) = 0,$$

得到方程组：

$$H\boldsymbol{x} + c - A^{\mathrm{T}} \boldsymbol{\lambda} = 0,$$

$$-A\boldsymbol{x} + \boldsymbol{b} = 0,$$

将此方程组写成：

$$\begin{pmatrix} H & -A^{\mathrm{T}} \\ -A & 0 \end{pmatrix} \begin{pmatrix} \boldsymbol{x} \\ \boldsymbol{\lambda} \end{pmatrix} = \begin{pmatrix} -c \\ -\boldsymbol{b} \end{pmatrix}, \tag{A.3}$$

系数矩阵：

$$\begin{pmatrix} H & -A^{\mathrm{T}} \\ -A & 0 \end{pmatrix}$$

此矩阵称为拉格朗日矩阵。

设上述的拉格朗日矩阵可逆，则可表示为：

$$\begin{pmatrix} H & -A^{\mathrm{T}} \\ -A & 0 \end{pmatrix}^{-1} = \begin{pmatrix} Q & -R^{\mathrm{T}} \\ -R & S \end{pmatrix},$$

由式：

$$\begin{pmatrix} H & -A^{\mathrm{T}} \\ -A & 0 \end{pmatrix} \begin{pmatrix} Q & -R^{\mathrm{T}} \\ -R & S \end{pmatrix} = I_{m+n}$$

推得：

$$HQ + A^{\mathrm{T}}R = I_n,$$

$$-HR^{\mathrm{T}} - A^{\mathrm{T}}S = 0_{n \times m},$$

$$-AQ = 0_{m \times n},$$

$$AR^{\mathrm{T}} = I_m,$$

假设逆矩阵 H^{-1} 存在，由上述关系得到矩阵 Q、R、S 的表达式：

$$Q = H^{-1} - H^{-1}A^{\mathrm{T}}(AH^{-1}A^{\mathrm{T}})^{-1}AH^{-1}, \tag{A.4}$$

$$R = (AH^{-1}A^{\mathrm{T}})^{-1}AH^{-1}, \tag{A.5}$$

$$S = -(AH^{-1}A^{\mathrm{T}})^{-1}. \tag{A.6}$$

由式（A.3）等号两端乘以拉格朗日矩阵的逆，则可得到问题的解：

$$\bar{x} = -Qc + R^{\mathrm{T}}b, \tag{A.7}$$

$$\bar{\lambda} = Rc - Sb \tag{A.8}$$

以上步骤便是拉格朗日乘子法的具体求解过程，可以看出拉格朗日乘子法是求解等式约束的非线性规划的一个重要途径，故它的应用也十分广泛。

下面再举个拉格朗日乘子法求解的例子。

例：

$$\min x_1^2 + 2x_2^2 + x_3^2 - 2x_1x_2 + x_3$$

$$\text{s.t.} \quad x_1 + x_2 + x_3 = 4,$$

$$2x_1 - x_2 + x_3 = 2.$$

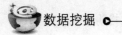

解：易知

$$H = \begin{pmatrix} 2 & -2 & 0 \\ -2 & 4 & 0 \\ 0 & 0 & 2 \end{pmatrix}, \quad c = \begin{pmatrix} 0 \\ 0 \\ 1 \end{pmatrix}, \quad A = \begin{pmatrix} 1 & 1 & 1 \\ 2 & -1 & 1 \end{pmatrix}, \quad b = \begin{pmatrix} 4 \\ 2 \end{pmatrix},$$

H 的逆矩阵为：

$$H^{-1} = \begin{pmatrix} 1 & \dfrac{1}{2} & 0 \\ \dfrac{1}{2} & \dfrac{1}{2} & 0 \\ 0 & 0 & \dfrac{1}{2} \end{pmatrix}.$$

由式（A.4）至式（A.6）算得：

$$Q = \frac{4}{11} \begin{pmatrix} \dfrac{1}{2} & \dfrac{1}{4} & -\dfrac{3}{4} \\ \dfrac{1}{4} & \dfrac{1}{8} & -\dfrac{3}{8} \\ -\dfrac{3}{4} & -\dfrac{3}{8} & \dfrac{9}{8} \end{pmatrix},$$

$$R = \frac{4}{11} \begin{pmatrix} \dfrac{3}{4} & \dfrac{7}{4} & \dfrac{1}{4} \\ \dfrac{3}{4} & -1 & \dfrac{1}{4} \end{pmatrix}, \quad S = -\frac{4}{11} \begin{pmatrix} 3 & -\dfrac{5}{2} \\ -\dfrac{5}{2} & 3 \end{pmatrix},$$

于是把 Q, R 代入式（A.7），得到问题的最优解：

$$\bar{x} = \begin{pmatrix} x_1 \\ x_2 \\ x_3 \end{pmatrix} = \begin{pmatrix} \dfrac{21}{11} \\ \dfrac{43}{22} \\ \dfrac{3}{22} \end{pmatrix}.$$

3．拉格朗日乘子法在支持向量机中的应用

支持向量机（Support Vector Machine，SVM）作为机器学习中一个极为重要的分类算法，其应用遍及人工智能的各个领域。而 SVM 原理正是基于拉格朗日乘子法实现的。

在介绍拉格朗日乘子法的应用前，先介绍下 KKT(Karush Kuhn Tucher) 条件。KKT 条件同样也是解决非线性规划的一个重要方法，它与拉格朗日乘子法的关系便是：KKT 条件将拉格朗日乘子法中的等式约束优化问题推广至不等式约束的情况。可以说，KKT 条件是拉格朗日乘子法一个延伸。而 SVM 中最优超平面的求解正是一个不等式约束问题，下面就对其做具体介绍。

SVM 线性分类器是从线性可分情况下的最优分类面发展而来的。最优分类面就是要求分类线不但能将两类正确分开（训练错误率为 0），且使分类间隔最大，如图 A.2 所示。SVM 考虑寻找一个满足分类要求的超平面，并且使训练集中的点距离分类面尽可能远，也就是寻找一个分类面使它两侧的空白区域（margin）最大。

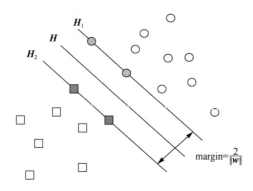

图 A.2　线性可分情况下的最优分类线

设线性可分样本集为 (x_i, y_i)。训练样本输入为 $x_i, i = 1, \cdots, l, x \in \mathbf{R}^d$，对应的期望输出为 $y_i \in \{+1, -1\}$，其中 +1 和 -1 分别代表两类的类别标识。d 维空间中线性判别函数的一般形式为 $g(x) = w \cdot x + b$，分类面方程为 $w \cdot x + b = 0$。将判别函数进行归一化，使得两类所有样本都满足 $\|g(x)\| \geq 1$，即使离分类面最近的样本的 $\|g(x)\| = 1$。为了使分类面对所有样本正确分类并且具备最大的分类间隔，就要求它满足式（A.9）：

$$\left. \begin{array}{l} w \cdot x_i + b \geq +1 \quad \text{for } y_i = +1 \\ w \cdot x_i + b \leq -1 \quad \text{for } y_i = -1 \end{array} \right\} \leftrightarrow y_i(w \cdot x_i + b) - 1 \geq 0 \qquad (\text{A.9})$$

则两类样本的最大分类间隔为式（A.10）：

$$\min_{\{x_i | y_i = 1\}} \frac{w \cdot x_i + b}{\|w\|} - \max_{\{x_i | y_i = -1\}} \frac{w \cdot x_i + b}{\|w\|} = \frac{2}{\|w\|} \qquad (\text{A.10})$$

目标是在满足约束式（A.9）的条件下最大化分类间隔 $\dfrac{2}{\|w\|}$，即最小化 $\|w\|^2$。满足条件式（A.9）且使 $\|w\|^2 / 2$ 最小的分类面就称为最优分类面。过两类样本中离分类面最近的点且平行于最优分类面的超平面 H_1 和 H_2 上的训练样本就是使式（A.9）等号

成立的那些样本，它们称之为支持向量。支持向量是训练集中的某些训练点，这些点最靠近分类决策面，是最难分类的数据点，在支持向量机的运行中起主导作用。如果去掉或者移动所有除支持向量之外其他训练样本点（移动位置，但是不穿越 H_1 和 H_2），再重新进行训练，得到的分类面是相同的。

求解最优超平面问题可以表示成如下的约束优化问题如式（A.11）：

$$\begin{cases} \min \ \dfrac{1}{2}\|w\|^2 \\ \text{s.t.} \quad y_i(w \cdot x_i + b) - 1 \geqslant 0 \end{cases} \tag{A.11}$$

对于此不等式约束的条件极值问题，正好可以利用前面提到的 KKT 条件来求解。而 KKT 条件的构造规则与拉格朗日乘子法的构造规则基本一致：用约束方程乘以非负的拉格朗日系数，然后再从目标函数中减去。于是得到拉格朗日方程式（A.12）：

$$L(w,b,\alpha) = \frac{1}{2}\|w\|^2 - \sum_{i=1}^{l} \alpha_i \left[y_i(w \cdot x_i + b) - 1 \right] = \frac{1}{2}\|w\|^2 - \sum_{i=1}^{l} \alpha_i y_i(w \cdot x_i + b) + \sum_{i=1}^{l} \alpha_i \tag{A.12}$$

式中，$\alpha = [\alpha_1, \alpha_2, ..., \alpha_l]^{\mathrm{T}}$ 为与每个样本对应的拉格朗日乘子向量，$\alpha_i \geqslant 0$ 就是拉格朗日乘子。那么要处理的优化问题就变为式（A.13）：

$$\min_{w,b} \max_{\alpha} L(w,b,\alpha) \tag{A.13}$$

对于式（A.13）描述的优化问题，直接求解是有难度的，通过消去拉格朗日系数来化简方程，对问题的求解没有帮助。这个问题的求解可以通过拉格朗日对偶问题来解决，为此对式（A.13）做一个等价变换：

$$\min_{w,b} \max_{\alpha} L(w,b,\alpha) = \max_{\alpha} \min_{w,b} L(w,b,\alpha) \tag{A.14}$$

上式即为对偶变换，这样就把上述问题转换成了对偶问题，如式（A.15）：

$$\max_{\alpha} \min_{w,b} L(w,b,\alpha) \tag{A.15}$$

上述问题的对偶问题是极大极小问题。先求 $\min\limits_{w,b} L(w,b,\alpha)$，当拉格朗日函数 $L(w,b,\alpha)$ 取极小值时，即对 w 和 b 求偏导为 0，则有：

$$\frac{\partial L(w,b,\alpha)}{\partial w} = w - \sum_{i=1}^{l} \alpha_i y_i x_i = 0 \tag{A.16}$$

$$\frac{\partial L(w,b,\alpha)}{\partial b} = -\sum_{i=1}^{l} \alpha_i y_i = 0 \tag{A.17}$$

式中，$\alpha_i \geqslant 0, i = 1, 2, \cdots, l$，求得：

$$w = \sum_{i=1}^{l} \alpha_i y_i x_i \tag{A.18}$$

$$\sum_{i=1}^{l} \alpha_i y_i = 0 \tag{A.19}$$

接下来再对 $\min\limits_{w,b} L(w, b, \alpha)$ 求极大值 $\max\limits_{\alpha}\left(\min\limits_{w,b} L(w, b, \alpha)\right)$。将式（A.18）和式（A.19）代入（A.12）中，可得：

$$
\begin{aligned}
W(\alpha) = \min_{w,b} L(w, b, \alpha) &= \frac{1}{2}\|w\|^2 - w \cdot \sum_{i=1}^{l} \alpha_i y_i x_i - b \cdot \sum_{i=1}^{l} \alpha_i y_i + \sum_{i=1}^{l} \alpha_i \\
&= \frac{1}{2}\|w\|^2 - w \cdot w - b \cdot 0 + \sum_{i=1}^{l} \alpha_i = \sum_{i=1}^{l} \alpha_i - \frac{1}{2}\|w\|^2 \\
&= \sum_{i=1}^{l} \alpha_i - \frac{1}{2}\sum_{i=1}^{l} \alpha_i \alpha_j y_i y_j (x_i \cdot x_j)
\end{aligned} \tag{A.20}
$$

于是求极大值问题可以被描述为：

$$
\begin{cases}
\max\limits_{\alpha}\left\{\sum\limits_{i=1}^{l} \alpha_i - \dfrac{1}{2}\sum\limits_{i=1}^{l} \alpha_i \alpha_j y_i y_j (x_i \cdot x_j)\right\} \\
\text{s.t.} \quad \sum\limits_{i=1}^{l} \alpha_i y_i = 0 \\
\alpha_i \geqslant 0, i = 1, 2, ..., l
\end{cases} \tag{A.21}
$$

如果 $\boldsymbol{\alpha}^* = \left[\alpha_1^*, \alpha_2^*, \cdots, \alpha_i^*\right]$ 为该问题的最优解，由式（A.18）可得：

$$w^* = \sum_{i=1}^{l} \alpha_i^* y_i x_i \tag{A.22}$$

即最优超平面的权系数向量是训练样本向量的线性组合。

由于 $\boldsymbol{\alpha}^*$ 不是零向量（若它为零向量，则 w^* 也为零向量，无实际应用价值）。则存在有个 j 使得 $\alpha_j^* > 0$。根据 $\alpha_j^*\left\{y_j\left[\left(w^* \cdot x_j\right) + b^*\right] - 1\right\} = 0$（拉格朗日函数极小值条件），此时必有 $y_j\left[\left(w^* \cdot x_j\right) + b^*\right] - 1 = 0$。同时考虑 $y_j^2 = 1$，得到：

$$b^* = y_j - \sum_{i=1}^{l} \alpha_i^* y_i (x_i \cdot x_j) \tag{A.23}$$

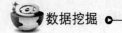

b^* 是分类的阈值。对多数样本 α_i^* 将为零，取值不为零的 α_i^* 对应于式（A.9）中等号成立的样本，即支持向量，它们通常只是全部样本中很少的一部分。

于是可以得到最大间隔分类超平面 $w^* \cdot x + b^* = 0$ 为

$$\sum_{i=1}^{l} \alpha_i^* y_i (x_i \cdot x_j) + b^* = 0 \tag{A.24}$$

以上便是拉格朗日乘子法在支持向量机中的具体应用过程。

参 考 文 献

[1] TAN P N, KUMAR V. Introduction to Data Mining[R]. Boston: Pearson Addison Wesley, 2006.

[2] HAN J, KAMBER M. Data Mining: Concepts and Techniques[M]. San Francisco: Morgan Kaufmann, 2011.

[3] RAJARAMAN A, ULLMAN J. Mining of Massive Dataset[D]. Cambridge: Cambridge University Press, 2010.

[4] DUNHAM M H. Data Mining: Introduction and Advanced Topics[D]. New Jersey: Prentice Hall, 2002.

[5] FAYYAD U, SHAPIRO G P, SMYTH P. From data mining to knowledge discovery: an overview[J]. Advances in Knowledge Discovery and Data Mining, 1996: 1-34.

[6] 周志华. 机器学习[M]. 北京: 清华大学出版社, 2016.

[7] 李航. 统计学习方法[M]. 北京: 清华大学出版社, 2012.

[8] 吕晓玲, 宋捷. 大数据挖掘与统计机器学习[M]. 北京: 中国人民大学出版社, 2016.

[9] 高扬, 卫峥, 尹会生. 白话大数据与机器学习[M]. 北京: 机械工业出版社, 2016.

[10] 李博. 机器学习实践应用[M]. 北京: 人民邮电出版社, 2017.

[11] Larose D T, Larose C D. 数据挖掘与预测分析[M]. 2 版. 王念滨, 宋敏, 裴大茗, 译. 北京: 清华大学出版社, 2017.

[12] 顾荣. 大数据处理技术与系统研究[D]. 南京: 南京大学, 2016.

[13] 胡晨媛. 基于大数据技术的沥青路面性能预测研究[D]. 南京: 东南大学, 2016.

[14] 章毅, 郭泉, 王建勇. 大数据分析的神经网络方法[J]. 工程科学与技术, 2017, 49(1): 9-18.

[15] 程学旗, 靳小龙, 王元卓, 等. 大数据系统和分析技术综述[J]. 软件学报, 2014, 25(9): 1889-1908.

[16] CHEN X W, LIN X W, LIN X T. Big data deep learning: challenges and perspectives[J]. IEEE Access, 2014, 2: 514-525.

[17] Gartner. Bigdata[EB/OL]. [2016. 11. 11]. http://www.gartner.com/it-glossart/big-data.

[18] KENDULE J A. A Review Paper on Different Techniques of Feature Extraction methods of various online signature[J]. IOSR Journal of Electronics and Communication Engineering, 2017, 12(3): 23-25.

[19] CHUN W T, Lai C F, HAN C C, et al. Big data analytics: a survey[J]. Journal of Big Data, 2015, 2(1): 21.

[20] WU X D, ZHU X Q, WU Gongqing, et al. Data mining with big data[J], IEEE Transactions on Knowledge and Data Engineering, 2014, 26(1): 97-107.

[21] LIPTON Z C, BERKOWITZ J, ELKAN C. A critical review of recurrent neural networks for sequence Learning[J]. Computer Science, 2015.

[22] D'INFORMATIQUE D E, ESE N, ESENT P, et al. Long short-term memory in recurrent neural networks[J]. Epfl, 9(8), 1735-1780.

[23] GOODFELLOW I. NIPS 2016 Tutorial: generative adversarial networks.

[24] ISOLA P, ZHU J Y, ZHOU T, et al. Image-to-Image Translation with Conditional Adversarial Networks[J]. IEEE Computer Society, 2016: 5967-5976.

[25] 何晓群. 多元统计分析[M]. 4 版. 北京: 中国人民大学出版社, 2015.

[26] LATTIN J M, CARROLL J D, GREEN P E. Analyzing Multivariate Data[M]. Harcourt Brace Jovanovich, 2003.

[27] ISOLA P, ZHU J Y, ZHOU T, et al. Image-to-Image Translation with Conditional Adversarial Networks[J]. IEEE Computer Society, 2016: 5967-5976.

[28] 史月美, 宗春梅. 关联规则挖掘研究[M]. 北京: 兵器工业出版社, 2010.

[29] 陶再平. 基于约束的关联规则挖掘[M]. 2 版. 杭州: 浙江工商大学出版社, 2012.

[30] 张净. 大规模复杂数据关联规则挖掘方法研究及其应用[M]. 兰州: 兰州大学出版社, 2009.

[31] 王小妮. 数据挖掘技术[M]. 北京: 北京航空航天大学出版社, 2014.

[32] 蒋盛益, 李霞, 郑琪. 数据挖掘原理与实践[M]. 北京: 电子工业出版社, 2011.

[33] 毕建欣, 张岐山. 关联规则挖掘算法综述[J]. 中国工程科学, 2005, 7(4): 88-94.

[34] 蔡伟杰, 张晓辉, 朱建秋, 等. 关联规则挖掘综述[J]. 计算机工程, 2001, 27(5): 31-33.

[35] 王爱平, 王占凤, 陶嗣干, 等. 数据挖掘中常用关联规则挖掘算法[J]. 计算机技术与发展, 2010, 20(4): 105-108.

[36] 颜雪松, 蔡之华. 一种基于 Apriori 的高效关联规则挖掘算法的研究[J]. 计算机工程与应用, 2002, 810: 209-211.

[37] 黄进, 尹治本. 关联规则挖掘的 Apriori 算法的改进[J]. 电子科技大学学报, 2003, 32(1): 76-79.

[38] 吴简. 面向业务的基于模糊关联规则挖掘的网络故障诊断[D]. 西安: 西安电子科技大学, 2012.

[39] D'INFORMATIQUE D E, ESE N, ESENT P, et al. Long short-term memory in recurrent neural networks[J]. Epfl, 9(8), 1735-1780.

[40] EL-SISI A B, MOUSA H M. Evaluation of encryption algorithms for privacy preserving association rules mining[J]. International Journal of Network Security, 2012.

[41] PLASSE M, KEITA N N, SAPORTA G, et al. Combined use of association rules mining and clustering methods[D]. Norwich: University of East Anglia, 2005.

[42] PEJKOVI N. Association rule mining in a data warehouse[D]. Zagreb: Sveuilite u Zagrebu, 2006.

[43] 韩立群, 施彦. 人工神经网络理论及应用[M]. 北京: 机械工业出版社, 2016.

[44] 韩敏. 人工神经网络基础[M]. 大连: 大连理工大学出版社, 2014.

[45] 高隽. 人工神经网络原理及仿真实例[M]. 2 版. 北京: 机械工业出版社, 2007.

[46] 陈雯柏. 人工神经网络原理与实践[M]. 西安: 西安电子科技大学出版社, 2016.

[47] 许国根, 贾瑛. 模式识别与智能计算的 MATLAB 实现[M]. 北京: 北京航空航天大学出版社, 2012.

[48] 吕晓玲, 宋捷. 大数据挖掘与统计机器学习[M]. 北京: 中国人民大学出版社, 2016.

[49] 章毅, 郭泉, 王建勇. 大数据分析的神经网络方法[J]. 工程科学与技术, 2017, 49(1): 9-18.

[50] 马世龙, 乌尼日其其格, 李小平. 大数据与深度学习综述[J]. 智能系统学报, 2016, 11(6): 728-742.

[51] 任爽. 基于大数据分析及改进神经网络的电力负荷预测方法[D]. 秦皇岛: 燕山大学, 2017.

[52] 任爽, 刘航, 菅锐. 基于神经网络模型的中央空调房间温度预测控制[J]. 沈阳大学学报（自然科学版）, 2015, 27(3): 233-237.

[53] 杜树新, 吴铁军. 用于回归估计的支持向量机方法[J]. 系统仿真学报, 2003, 15(11): 1580-1585, 1633.

[54] 闫国华, 朱永生. 支持向量机回归的参数选择方法[J]. 计算机工程, 2009, 35(13): 218-220.

[55] FU X L, CAI L H, LIU Y, et al. A computational cognition model of perception, memory, and judgment[J]. Science China(Information Sciences), 2014, 57(3): 1-15.

[56] VLADIMIR C, YUNQIAN M. Practical selection of SVM parameters and noise estimation for SVM regression[J]. Neural Networks, 2004, 17(1): 113-126.

[57] SATHIYA S, KEERTHI C J. Asymptotic behavior of support vector machines with gaussian kernel[J]. Neural Computation, 2003, 15(7): 1667-1689.

[58] 袁梅宇. 数据挖掘与机器学习: Weka 应用技术与实践[M]. 北京: 清华大学出版社, 2014.

[59] WITTEN I H, FRANK E. 数据挖掘: 实用机器学习工具与技术[M]. 北京: 机械工业出版社, 2014.

[60] TAN P N, STEINBACH MICHAEL, KUMAR VIPIN. 数据挖掘导论: 完整版[M]. 北京: 人民邮电出版社, 2011.

[61] 张兴会. 数据仓库与数据挖掘工程实例[M]. 北京: 清华大学出版社, 2014.

[62] LIPTON Z C, BERKOWITZ J, ELKAN C. A critical review of recurrent neural networks for sequence Learning[J]. Computer Science, 2015.

[63] HOLMES G, DONKIN A, WITTEN I H. WEKA: a machine learning workbench[C]. Proceedings of the 1994 Second Australian and New Zealand Conference on. IEEE, 2002: 357-36.

[64] FRANK E, HALL M, HOLMES G, et al. Weka-A machine learning workbench for data mining[J]. Data Mining and Knowledge. Discovery Handbook, 2005: 1269-1277.

[65] GARNER S R. WEKA: the Waikato environment for knowledge analysis[C]. New Zealand Computer Science Research Students Conference, 1995: 57-64.

[66] FRANK E, HALL M, TRIGG L, et al. Data mining in bioinformatics using Weka[J]. Bioinformatics, 2004, 20(15): 2479-2481.

[67] BENGIO Y, CUN Y L, HENDERSON D. Globally trained handwritten word recognizer using spatial representation, convolutional neural networks and hidden markov models[C]. Advances in Neural Information Processing Systems. DBLP, 1994: 937-944.

[68] IVAN VASILEV. A deep learning tutorial: from perceptrons to deep networks[EB/OL]. https://www.toptal.com/machine-learning/an-introduction-to deep learning from perceptrons-to-deep-networks.

[69] LECUN Y, BOTTOU L, BENGIO Y, et al. Gradient-based learning applied to document recognition[J]. Proceedings of the IEEE, 1998, 86(11): 2278-2324.

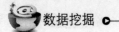数据挖掘

[70] 张雨石. 卷积神经网络[EB/OL]. http://blog.csdn.net/stdcoutzyx/article details/41596663.2014-11-29.

[71] 小村长. 深度学习笔记 1（卷积神经网络）[EB/OL]. http://blog.csdn.net/lu597203933/article/details/46575779.2015-6-20.

[72] ANDREW N G, JIQUAN NGIAM, CHUAN YU FOO, et al. UFLDL Tutorial[EB/OL]. http://deeplearning.stanford.edu/wiki/index.php.2013-4-7.

[73] LECUN Y, BENGIO Y, HINTON G. Deep learning[J]. Nature, 2015, 521(7553): 436.

[74] GOODFELLOW I. NIPS 2016 Tutorial: Generative Adversarial Networks[J]. Barcelone, 2016.